HEART
心視野

HEART
心視野

另我效應

用你的祕密人格，達到最高成就

THE ALTER EGO EFFECT

THE POWER OF SECRET IDENTITIES TO TRANSFORM YOUR LIFE

陶德・赫曼（Todd Herman）──著
吳宜蓁──譯

推薦序

既然我們都需要在生活中演戲，何不扮演成超級英雄呢？

——簡報教練、暢銷作家　林長揚

當你面對困難的時候，會不會想要有一個厲害的英雄來幫你解決一切問題呢？如果我說你正在等待的英雄就是你自己，你會相信嗎？

你可能會想：「我只是個被生活折磨的普通人，怎麼會是厲害的超級英雄？」在解答這個問題之前，讓我先跟你分享個故事，主角是個跟你我一樣的普通人，我們就叫他阿毛吧！

阿毛不太會跟人交際，也容易緊張，跟人面對面說話時總是會腦袋一片空白，常不知道該講什麼，因此常鬧出許多笑話，例如阿毛在臺中高鐵站的月臺遇到認識的人時，對方說要搭高鐵上臺北工作，阿毛依然處於腦袋空白的狀態，最後竟然問對方：「所以你要開車上臺北嗎？」當場讓對方啼笑皆非。我們來想想，如果讓這樣的阿毛上臺對著眾人簡報，會發生什麼事？

你可能會為阿毛緊張：「上臺簡報？他應該會結結巴巴連話都講不好吧！」但事實上，阿毛每次上臺都獲得滿堂彩，最後甚至展開了簡報教練的職業生涯，而這位阿毛就是我本人。

我小時候很愛跟同學說話，還因此常被老師罵，但長大後要跟人聊天時不知道為什麼總是會當機，但這樣的我卻成為一名培訓師，專門講授簡報技巧、演講訣竅、懶人包圖解秘訣，幫助許多人提升上臺的能力，我是怎麼做到的？

有些人會說：「你就是有上臺的天賦啦！」事實上並沒有。

我還記得二十年前我站在國小的大禮堂舞臺上，臺下坐著二十幾位小學生與四位評審老師，那是一場演講比賽。雖然我是老師推薦的代表，但是這個推薦並不是因為我有很棒的演講天分，而是班上沒有人自願，因此老師為了交差就隨便派個學生參加。

回到比賽中，在臺上的我超級緊張，不斷地試圖從腦海中搜尋這幾天所背的講稿，並很不順的一個字一個字的念出來。當時我不經意地看向了評審老師，老師們的表情很明顯表達出：「這演講真無聊。」

在感受到評審老師的冷漠之後，我更緊張了！我只想趕快唸完、趕快下臺，想當然，那次演講比賽的成績慘不忍睹，這場演講比賽是在我腦中一直揮之不去的慘痛記憶。但長大之後，我發現上臺不那麼可怕，因為在臺上我可以變身成其他人——一個跟害羞又不善言詞的我完全不同的人。

這個化身能跟臺下觀眾侃侃而談，也能很自然地表達出自己想講的內容，並帶著能適時讓觀眾大笑的幽默感，更有著讓整個場域的氣氛轉變的超能力。就像電影裡的超級英雄都會變身一樣，每當我拿起簡報器站上臺時，我就會成為這個化身，把最棒的內容帶給大家。

許多朋友會跟我說：「臺上臺下的你好像完全不同人啊！」我以前不瞭解這是怎麼一回事，如今我發現這就是所謂的「另我」，這聽起來很虛幻，讓我舉個例子跟你說明：

不知道你有沒有玩過這樣的遊戲：你必須創個角色，你可以設定角色名稱，更厲害一點的遊戲還能打造角色的外觀，例如是什麼種族、五官要長怎樣、有什麼特徵等，接著你可以操縱角色在遊戲的世界中四處探索、體驗劇情，甚至要跟怪物廝殺、尋找寶物等，這種類型的遊戲就是角色扮演遊戲（Role-playing game，簡稱RPG）。我覺得人生就是一場大型角色扮演遊戲，每個人都會面臨不同的場景解不同的任務，而「另我」就是你在這場人生RPG中的角色。

仔細想想，你是不是在工作、家庭、社交、學業中都扮演著不同的角色？我相信獨處時的你跟工作時的你一定不太一樣，甚至在每個場景的你都不相同。既然我們每天大部分的時間都在角色扮演，又何必一直扮演「普通人」呢？是時候把你的角色變成有強大力量的超級英雄了！

該怎麼開始呢？你可以這麼做：

1. 思考自己在「什麼場景」需要「什麼能力」
2. 想想能幫你解決困難的英雄會是什麼樣子。
3. 好好閱讀這本《另我效應》，幫助你打造出強大的「另我」角色，讓你在需要的場合有超棒的表現。

祝福你可以順利切換身份，讓我們一起發揮「另我」的力量，暢玩這場人生RPG吧！

序

在你開始閱讀之前——來自作者的提醒

《另我效應》的出現，是為了支持有抱負者去成就艱困的事情。它能幫助你變得更有韌性、更有創意、更樂觀、更勇敢。我經營一家運動科學和巔峰表現訓練公司已經二十二年，接下來即將揭露的內容，是我與數千名專業、業餘人士及奧運選手的合作成果，以及我們彼此配合的藝術和科學。

我集結了七萬五千多名和專業人士運用這門技術的資料，整理成本書。當中除了他們勝利、成功和突破的事實外，還包括在精進這門技術過程中，所做的各種調整和改變。

最後說明：自從我經營公司，並與許多菁英運動員合作以來，客戶的隱私就是極為重要的原則，我要保護我的客戶。有一些世上最傑出的奧林匹克運動員、職業選手，以及名人明星與我合作，是因為我保證絕不會為了個人利益而透露他們的名字。為什麼呢？因為信任是最重要的交易籌碼。每個人都想從這些人身上得到一些東西，想把這些人當作炒知名度的手段，導致這些人不信任任何人。我很清楚這一點，也知道若我這樣做的話，就沒有資格成為值得他們信賴的顧問和教練，而可信的人正是他們所需要和想要的。我也和頂級的商界專家合作過，我的承諾同樣如此。我認為這種信任和承諾是神聖的，但我也知道，如果能分享他們的故事，在闡述觀點上，並讓《另我效應》中的概念鮮活起來，同樣非常有價值且意義非凡。

在整本書中，我極力維持平衡，既要確實與讀者分享客戶的故事，同時也要遵守對客戶的承諾。因此，我有時會改變一些細節，比如名字、運動、職業和其他可辨識的條件，畢竟，這些條件實際上並不重要。你很快就會發現，「另我」是任何人在任何情況、任何職業、任何時刻下都可以運用，來展現出英雄自我的工具。

目錄

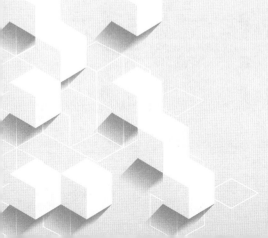

Chapter

1

當「電話亭時刻」來臨

我站在休息室看著我的筆記，等待被叫上臺，在一群專業的體育教練面前演講。我正在複習我的講稿時，一個體格健壯得像鬥牛犬的人走進休息室，我一眼就認出他來——我小時候在任天堂玩過他的角色。

他微笑著朝我走來，伸出手說：「嗨，我是博・傑克遜（Bo Jackson）。」

我笑了起來：「嗨，我是陶德・赫曼。我知道你是誰，博。我這種從事體育工作的人，如果不認識業界唯一的雙運動全明星球員，從此就沒有人信任我的專業了吧。而且，你幫我贏了很多比賽——在任天堂遊戲裡！」

他笑著說：「對，你不是第一個這麼說的人，謝謝你。你今天也要演講嗎？」

「對，我是下一個。但你可能把我擠掉了。」我笑著說。

「沒有，我只是提早來看一個朋友。」他說：「那你等一下要說什麼？」

「我要來談一個心理遊戲，確切地說，我要跟大家分享如何利用另一個自我和祕密身份，來發揮出最佳表現。」

他立刻微微側了一下頭，瞇起眼睛，彷彿有人敲響了他心靈深處的門，然後他露出了一抹微笑。他搖了搖頭，過了幾秒鐘後，他才用一種安靜而嚴肅的語調說：「博．傑克遜這輩子從來沒有踢過一次足球。」

如果你不知道博．傑克遜，他是北美四大運動中，唯一在職棒大聯盟和美式足球聯盟中都入選全明星的運動員。他是個天才，在一九八〇年代其影響力甚至超出了運動領域，對我這種熱愛運動的孩子來說，他就是超級英雄。

我睜大了眼睛，仍微笑著說：「好……這引起我的興趣了，請多透露一些。」

博開始解釋，他年輕的時候很難控制自己的情緒，還因為憤怒而惹上很多麻煩。通常他會無視比賽期間，想要和對方一較高下，哪怕是最輕微的冒犯，他也要反擊回去，反而導致他受到更多懲罰。

後來有一天，他在看電影時，迷上了傑森那種沉著、冷漠無情的性格。

你對這個名字有印象嗎？

傑森是電影《十三號星期五》（*Friday the 13th*）中戴著曲棍球面具的殺手。

就在看著電影的那一刻，他決定在足球場上不再做博．傑克遜，而開始當傑森，把無法控制的憤怒拋在場外。

博繼續解釋傑森是如何**只**活在球場上的。當他走出更衣室，抵達足球場時，傑森就會進入並接管他的身體。突然間，在足球場上，衝動、易被激怒、容易受懲罰的博．傑克遜，就搖身一變成為無情冷酷而有紀律的破壞者。

調整到「不同的身份」幫助他集中自己的每一分天賦和技能，並使他能夠好好待在球場上，而不會有任何情緒問題干擾他的表現。

這就是他的「電話亭時刻」。就像克拉克．肯特（Clark Kent）有時候會走進電話亭變身成超人一樣，博．傑克遜也做了同樣的事情，變成他的另我——傑森。不過，他不必像一九四二年漫畫中的超人那樣，還要處理惱人的空間問題：「這絕對不是換裝的最佳地點，但我得切換身份——而且很趕時間！」

雖然這是句有趣的臺詞，但當中也揭露出了另我效應的轉變本質。

另我是誰？

我一直以來都很著迷於動漫裡的英雄，以及他們生活的世界。起源故事、反派角色和史詩般的戰鬥，總能吸引我進入他們的世界。小時候，我超愛克里斯多夫．李維（Christopher Reeve）的超人電影系列。今天人們可能會嘲笑一九八〇年代製作的電影，將它們與目前最新、重啟的超級英雄電影相提並論，但在過去，它們已經非常了不起了。現在，出個謎語給你們猜：

大家都知道超人和克拉克．肯特是同一個人，但哪一個才是「另我」呢？

在過去十五年裡，我在世界各地的觀眾面前提問這個問題無數次，百分之九十的觀眾會立刻喊出「超人！」

聽起來是這樣沒錯，因為當你想到「另我」時，你會想到超能力、英雄主義和史詩般的戰鬥，這一切特質都符合像超人這樣的超級英雄。

只不過，答錯了。

另一個自我不是超人，而是克拉克．肯特。超人才是真實的人，他創造了一個另我——性格溫和的記者克拉克．肯特，這個角色很有用，因為這樣他才能融入地球上日復一日的生活，不會有人注意到他，幫助他實現重要的目標：理解人類。

超人會在他需要每個角色的時候，在另我和胸前有S的真實身份之間切換。

為什麼這很重要呢？

坦白說，因為人生艱難。我們每個人都肩負著許多責任，要在生活中扮演很多不同的角色，還有來自社會的力量——宗教、家庭、隊友、同事、朋友和其他人，都在引導我們以某種方式行動。這些力量的表現形式，是我們應該如何行動的期待、規則和判斷，像是我們可以追求什麼、應該擁有什麼、應該相信什麼。

這一切的一切，就創造出我所謂的「受困的自我」，這部分我們將在第三章中進一步解釋。這個受困的自我，是你在生活中不想要顯現出來、想逃避某些事情，或因為按某種方式行事而感到壓力的「那個自己」。

與此相反，生活中還會有另一種體驗時刻，讓我們覺得自己像個英雄。這種時刻的你，會感覺自己正在做想做的事，是為了你自己而做，而且你被這件事的進展所吸引。而事實上，有很多關於這個主題的有趣研究，可以解釋切換為另我的好處。

當你發現自己無聊、焦慮、憤怒、嫉妒、抗拒、不知所措或恐懼時，你無法透過理性來擺脫它，這就像一隻老鼠試圖指揮一群橫衝直撞的大象。你無法透過邏輯來解決潛意識的問題，如果你的直覺告訴你要躲開，你就會躲開。但其實你也可以使用同樣的潛意識，來啟動想像的奧祕，然後再經由一點練習，就能改變你正在聽從的直覺。而且最棒的是，研究和科學顯示，這是一個更好的方法。

十五歲的「黑幽靈」

安東尼是個籃球選手，就讀於美國最好的預備學校之一，有著無與倫比的才能，在練習時，他甚至能一對一的訓練他的隊友。所有頂尖大學的球探都打開雙臂歡迎他，大家都認為他有一天會成為職業球員——**只要**他能在關鍵時刻表現得更加鎮定，更相信自己的能力。

安東尼在華盛頓特區的低收入社區長大，沒有父母的陪伴。他八歲時，父母在一場車禍中去世了，奶奶承擔起撫養他的責任，在當時的情況下，她已經做得非常好。年輕的安東尼利用他所擁有的每一秒鐘，到籃球場上練習運球、投籃、跳躍。

他繼續成長，沒有多久，所有頂尖大學的球探都開始招募他。大家都認為他有一天能夠成為職業球員，**只要**他能「讓腦袋清楚一點」。安東尼的技巧和能力都很好，只有一個問題——當比賽進行到關鍵時刻，他不會努力衝到籃下，或是將對手擋在身後，然後快速起身跳投，而是選擇傳球。他會讓隊友投籃，或是表現失常，而且情況越來越糟。

安東尼有足夠的能力抓住大好機會，但是在我們所謂的「聚光燈時刻」裡，他會躲起來，那些關鍵時刻在很大程度上決定了一個人成功與否。對安東尼來說，比起得到讚美，他更擔心受到批評。人們越是把焦點放在安東尼身上，他就越想躲避。

直到有一天訓練時，教練沮喪的向安東尼大吼，他才看到了答案。「該死的，安東尼，如果你能更像詹姆斯，我們就能勢不可擋！」安東尼腦中浮現出他曾經讀過的一封電子郵件，內容是關於運動員在賽場上使用另我。那天他回到家後，找出這封電子郵件，然後做了一件會嚇壞所有父母的事，更不用說他奶奶了。

十五歲的他溜出家門，在凌晨四點來到華盛頓特區的聯合車站，搭乘四點三十五分開往紐約的火車。

二〇一一年，我大部分早晨都在曼哈頓上西區的銳步運動俱樂部裡運動。那是一個美麗的俱樂部，共六層樓，有各種你能想像到的便利設施。同時也是著名的名人天堂，因為在這裡他們可以獨自健身，像克里斯．洛克（Chris Rock）、雷吉斯．菲爾賓（Regis Philbin）、巨石強森、威爾．史密斯、黛安．索耶（Diane Sawyer）、班．史提勒……等人都會來這裡，NBA球隊也會來麥迪森廣場花園進行賽前訓練。我總是在八點四十五分左右到達，在會員的私人咖啡廳工作，然後運動完再吃午餐。

有一天，我走進大廳時，才剛踏出電梯，櫃臺工作人員就向我揮手示意。他們告訴我，坐在等待區的那個年輕人，今天一早大老遠從華盛頓來找我。他們說：「他是來這裡見你的，想請你幫助他的運動生涯，這個孩子真的很認真！」

我走向安東尼，做了自我介紹，他從椅子上跳起來和我握手：「赫曼先生，很高興見到您。希望我沒有造成您的麻煩，但我需要您的幫助。」

我帶他進咖啡廳，坐下來吃了一點東西。我問他：「首先，你怎麼知道要來這裡的？第二，你父母知道你在這裡嗎？」

他說：「您在某一份電子報裡面提過，您早上會來這裡，所以我想碰碰運氣。然後，我奶奶不知道我在這，我在凌晨四點偷偷溜出來的，但她反正也不會知道，因為我每天早上在她起床前就去學校了。」

「好吧，首先，你得打電話給你奶奶，讓她知道你在哪裡，還有你很安全。」

我們先處理他從華盛頓偷跑到這裡的事情，我請他奶奶放心，我一定會確保他安全到家，然後我們談論了他的情況。他解釋自己的狀況，他感到的壓力越大，看著他的人越多，他就越容易想得太多。他談論這種焦慮和感受，說道：「我的腦子裡正在進行一場戰爭。」

「我**真的**很想做好，但我實在太擔心別人對我的看法，擔心自己會犯錯。」

我不是治療師，沒有在做心理治療，也完全沒有資格做那樣的工作。我致力於心理遊戲，並制定策略達到卓越表現。然而，我有一個簡單的框架，我總是用它來診斷某人問題的根源（我將在第三章裡帶你走過一遍）。沒有多久，我就找出安東尼的問題了。

「你為什麼大老遠跑到紐約，只是要來找我？」我問。

「因為教練跟我說了一些話，讓我想起了您寫過一封關於另我的電子報，以及有多少偉大的運動員用另我來幫助他們表現得更好，把自己的某些部分放在場外，因為有時候他們性格中的某些部分會影響他們的表現。當教練告訴我『要更像詹姆斯』時，我就想到了您。」

「嗯，很好，但是你為什麼不寫電子郵件給我就好，非要讓你奶奶這麼驚慌呢？」

「您總是說，如果您想要什麼，就要去爭取。如果您想要更快得到某樣東西，就去找一位出色的導師。我記得您說過，您從加拿大千里迢迢來到北卡羅來納見一位導師，與他相處了幾個星期，而那是您人生中最關鍵的時刻。所以我想，我也應該這樣做。但是我想告訴您，我沒有錢可以付給您。」

我馬上喜歡上這個孩子。甚至連克里斯・洛克都特地停下來鼓勵他，因為他在等我的時候，工作人員告訴克里斯這孩子做了什麼。

在接下來的幾個小時裡，我對他的表現進行了深入探索，很明顯，他刻意迴避的關注其實與比賽無關，一切都是關於他父母去世時，他感受到的痛苦。在那個事件之後，許多人對他傾注了大量的關注，甚至為誰應該擁有他和保險金而爭吵。而他只想一個人待著。

現在聚光燈又回來了，安東尼又產生了同樣的感覺。

就像我說的，我不做心理治療，我也沒打算要做。我建議他和學校的輔導員或奶奶談談，尋求一些幫助，因為「一個好的治療師可以幫助你解開腦子裡的混亂思緒。但是現在，讓我們把安東尼留在場邊，創造一個你可以在球場上扮演的另我，重新掌握大局」。

我帶著安東尼走過為球場上的他創造另我的流程。當我們談到他想要塑造的人物、角色、事物或動物時，他說：「黑豹。牠們會無聲無息的出現，迅速攻擊，而且靈活自如。我有一次在國家地理頻道看到關於黑豹的節目，牠們移動的方式真是太酷了。而且，牠們能跳二十英呎高！還有個很酷的名字：『林中的幽靈』。」

看著他描述他的另我，連我也跟著興奮起來。下一步是給他的另我取個名字，我們發想了幾個名字，寫在我的筆記本裡：

- 黑豹
- 黑豹X
- 隱形安東尼

在我替他的另我想了幾個名字之後，他才突然迸出了一個想法，整個人精神為之一振：「黑幽靈」。我永遠不會忘記，這孩子靠在椅背上，雙手放在後腦杓，然後抬起頭，說：「我就是黑幽靈，我要把爸爸媽媽帶到球場上，追著每一個人。」

安東尼所做的是一件意義深遠的事情，也正是我想透過本書幫助你做到的事。安東尼的轉變故事中，我故意不提的一些關鍵部分，可以打造一個對你有助益的另我。

現在，不管你是否有些舊創傷妨礙了你的欲望，或是不斷對自己說故事，告訴自己能做什麼、不能做什麼，甚至是有某種不確定的阻力，阻止你追求某件事，我想告訴你，有一個英雄自我正等著你去開啟，「另我」或「祕密身份」就是啟動它的關鍵。

當你看到另我如何適應你的處境、我們在生活中扮演的不同角色，以及我們所處的「賽場」時，它能給你釋放創造力的自由。當你看到另我如何幫助你以更樂觀的態度，戰勝每個人都會面臨的挑戰時，它可以開啟一種更有趣也更有力的方法來克服恐懼。當你看到它是人類的自然組成部分，已經有成千上萬的人用來實現或大或小的目標，而且是你所能做到的最「真實的你」時，它將開啟你以前不知道自己擁有的隱藏能力。

在我進一步討論之前，我必須做個簡短的免責聲明，因為我不想用前面那一段話誤導你們。這不是一本從市面上其他感覺良好的自助書籍中東抄西抄而來，充斥著虛幻空洞想法的勵志書。這本書裡面沒有隱藏著「簡單按鈕」，也沒有藏寶圖帶你挖掘到一堆寶藏。

這本書是為真正處理困難事情的人而寫的，它不會告訴你如何消除生活中的挑戰。它是要找出在你最意想不到時出現的那個你，並告訴你如何在你最需要它的時候讓它出現。

你的想像力可以創造「非凡世界」和「平凡世界」，你一直都在做著這樣的事。這裡需要提醒的是，玩耍的心態不只八歲的孩子獨有，它能讓你以更優雅的方式對待生活。

聲明一：如果你有雄心壯志，歡迎加入這個族群。

聲明二：如果你是那種總想為自己的局限性辯解的人，那你就慢慢等，直到一切都「完美」了，或是懦弱的去迎合別人的雄心壯志。我讓你自己決定要怎麼做。

終極目標

在過去的二十年裡，我一直致力於回答一個簡單的問題：我如何幫助這群帶著雄心壯志的客戶，利用已經嵌在他們內部的功能，並運用這些功能，持續維持在巔峰狀態？在這二十年裡，我建立了一個打造巔峰表現和體育科學的機構，指導過一些奧運選手和職業運動選手、頂級商界領袖、創業家和明星演員，我一直在處理以下情況：

◆我如何幫助職業網球明星贏得冠軍，不讓對手後來居上而輸掉比賽？

◆我如何幫助美國職棒大聯盟的投手站在投手丘上，面對四萬名尖叫的球迷，帶領他的球隊贏得季後賽的勝利，而不被對手反轉情勢，被打擊者打得團團轉？

◆我如何讓銷售主管達成更多筆交易，讓公司發展壯大，並讓他升職？

◆我如何幫助創業家自豪的推銷她的服務，而非讓她勉強度日？

◆我如何幫助強硬的人成為更冷靜、更能控制局面、更好的領導者，妥善帶領他的部屬？

◆我如何幫助努力平衡生活和工作的父母，並在家裡表現得更投入、更體貼、更有愛、更有趣？

◆我如何幫助百老匯演員更快進入心流狀態，在現場觀眾面前表演時不會恐懼和緊張？

這些問題的答案，無論過去或現在，都是另我。

回到休息室，博和我談論起另我的概念、其他運動員也在使用這技巧、我幫助客戶的過程，以及人們在商業和日常生活中利用另我來實現各式各樣的事情。對博來說，創造另我是他偶然發現的自然之事，他一直以為只有他一個人在使用。

幾十年來，我們一直忽視了歷史的一些蛛絲馬跡，這些跡象表明，另我是人類很自然的一部分，而這本書就是要強調這一點。

我等了十五年才寫出《另我效應》這本書，目標是傳授你們我近二十年來指導客戶的方法，讓你可以用一種或多種身份，來克服或大或小的事件。我會告訴你如何啟動你的英雄自我——你內心的神力女超人、達賴喇嘛、黑豹、歐普拉或羅傑斯先生❶，展現出你全部的能力、技巧、信念和特質，這樣你就會看到你**真正的**模樣。我也會與你們分享這種方法為何如此有效，其背後的科學原理，以及奧運選手、企業家、父母親、明星演員、作家、孩子，還有我自己的故事，我們全都用這種方法克服了挑戰。

直到現在，我仍然不斷使用這個技巧，而書封上印著一副眼鏡是有原因的……但這副眼鏡是誰的呢？❷

---

❶ 羅傑斯先生（Mr. Rogers）被譽為美國的兒童節目之父，數十年來於電視節目中傳達正面訊息，影響無數美國家庭與兒童。

❷ 指原文書封。

Chapter 2

另我的起源

謝普・戈登（Shep Gorden）是公認的超級經紀人。他是娛樂圈的人才經紀人、好萊塢電影經紀人及製作人。《GQ》雜誌稱他是「一個讓所有人出名的無名小卒」。謝普在吉米・罕醉克斯（Jimi Hendrix）、艾利斯・庫柏（Alice Cooper）、泰迪・潘德葛萊斯（Teddy Pendergrass）、路德・范德魯斯（Luther Vandross）、拉寇兒・薇芝（Raquel Welch）和格魯喬・馬克思（Groucho Marx）等歌手演員的職業生涯中發揮了關鍵作用。謝普是那種你可以稱之為「老派」的人，他從來沒有和客戶簽過合約，每件事都是握手完成的，圈內人都知道，如果他說會實現，就一定會實現。

謝普一手打造了名廚輩出的這個時代，這個市場實際上就是他發明的。如果不是謝普，艾默利・拉加西（Emeril Lagasse）、丹尼爾・巴魯（Daniel Boulud）、沃夫甘・帕克（Wolfgang Puck）及更多料理人將不為大眾所知。演員兼導演麥克・邁爾斯（Mike Myers）甚至為他的生平製作了一部紀錄片《超級經紀人：謝普・戈登的傳奇》（*Supermensch: The Legend of Shep Gordon*），此名十分貼切。

有一次，我碰巧在傑森・蓋那（Jayson Gaignard）主持的一個針對創作者、創業家和藝術家的大師心智演講活動上見到了謝普。謝普絕對是世界上最會講故事的人之一，他關於艾利斯・庫柏的故事既豐富又搞笑，他手邊有當代最具指標性的素材，而他也很擅於妥善運用。

我坐在一百五十人的觀眾席裡，聽謝普講述自己身為一名鬥志旺盛的好萊塢超級經紀人故事時，有人問他是如何幫助那些「高水準表現者」找到額外的動力，並繼續保持高水準表現？

謝普的回答非常誠實、深刻、動人心弦：

> 我認為每一個人都是非常、非常不同的個體。這裡的每位藝術家，不管他們是廚師還是藝人，我認為只有一個普遍且適用所有人的原則：如果你把自己當成公眾人物，你永遠不會快樂，你永遠也不會有自信。如果你利用自己的性格特徵，並將其發展成一個你熟知的角色，你

隨時都會知道這個角色應該做什麼，所以當你在記者會上，你總是知道如何回答問題。

如果是你自己的人格，你永遠不會知道答案。這真的很難，而當你覺得這是針對你這個人的評論，你就會開始留下傷口。如果惡評是關於那個角色的，你就改變那個角色。但如果惡評是關於「你」的，有時會造成很深的傷害。所以，我不認為這能一概而論，但如果真要提出某種通則，我會說，公眾人物要能理解人們不是愛「你」，他們愛的是他們看見的「那個角色」。甚至關於我自己的紀錄片，也會有人過來跟我說：「你是最棒的，你超凡出眾。」他們根本不認識我，他們認識的是「那個傢伙」。所以，如果你能在自己的腦中保持這個距離，就會健康得多。

觀眾中大約有十五個人知道我的工作，他們立刻看向我，有些人驚訝的張開了嘴巴，有些人對我微笑眨眼睛。正在臺上主持採訪的傑森，在人群中發現了我，他搖著頭，臉上寫著：「天哪，你一直在說的就是這件事！」❸

---

❸ 如果你想看這段影片，請至 AlterEgoEffect.com/shep

之後，謝普和我進一步討論了這個概念，除了名人、藝人或運動員在舞臺或賽場的聚光燈下會使用它外，其實它的存在比想像中更為普遍。

另我是個實用的工具，它能幫助你、我和其他人更有彈性的應對生活中的逆境。探索我們有創造性的一面，同時保護脆弱的自我。在「賽場」上，我們要更加用心的思索自己要成為什麼樣的人。成千上萬使用過另我的人都支持這個方法，而且更加確切地說，我在二十多年前創建了這個系統，也得到了研究數據和無數成功故事的佐證，你將在接下來的章節中讀到這些成功故事。

另一個我

西元前一世紀的羅馬政治家和哲學家西塞羅，是歷史記載中第一位談論到「另我」這個概念的人，就在他的哲學作品中，不過他使用的詞彙是「第二個自我，一個值得信賴的朋友」。[1]

拉丁語的 Alter ego，真正的意思是「另一個我」。

這是非常重要的，因為這個概念已經存在了好幾個世紀。當你檢視這個想法的根源，「值得信賴的朋友」或「另一個我」都是非常健康的詞彙。如果西塞羅現在還活著，他會承認他只是把人類自然存在的一部分，賦予一個形式而已。正如另我不是我發明的一樣，也不是西塞羅發明的。我所做的唯一事情就是創建一個系統，讓你可以建立一個另我，並給你一個框架來啟動它的優勢，也就是「另我效應」。在本書中，你會看到人們怎麼應用它，以達成人生的各種目的。

我第一次無意中發現另我的力量，是在我十幾歲的時候。我在加拿大亞伯達省一個六千英畝的牧場裡長大，我是一個外向、極度好勝、熱愛運動的孩子。我會挑戰兩個哥哥羅斯和萊恩。雖然大多數時候我都輸了，但我知道**總有一天**我能打敗他們，而且當那天來臨時，我永遠不會給他們反轉的機會。

運動是我的避難所。因為在自大好勝的外表下，我其實是一個極度缺乏安全感、充滿憂慮的孩子。我腦子裡總想著別人是否喜歡我、如何贏得他們的好感或是如何讓他們佩服。而當我在運動時，這些煩人想法就會消失，取而代之的是我的競爭精神。

只有一個問題：我無法控制自己的情緒。

十四歲的時候，我就讀的鄉下學校舒勒，參加了在薩課其萬省金色大草原舉辦的排球比賽。比賽期間，有個球員越過球網，讓我非常抓狂。每一次他扣球或攔網時，他都會故意伸出腳，試著踢我的下體。

第一次我沒在意，因為我以為那是意外。但他不斷的這麼做，我向裁判抗議，但很明顯他們不會判主隊犯規。隨著比賽進行，他變得越來越傲慢無禮。最後，在他狠狠踢了我的下體一腳後，我爆發了。他的腳才剛碰到地面，我就從網裡伸出手，抓住他的上衣，把他拉過來，舉起拳頭，透過網子猛擊他的臉。他整個人蜷縮起來。

整個場子瞬間瘋狂，大概是中學排球錦標賽有史以來能達到的最瘋狂程度。哨聲響起，球員和教練都衝到場中央，我的隊友看著我，好像在說：「到底發生了什麼事？」

那天稍晚，在我被逐出錦標賽之後，我的教練韓德森先生找我來場坦誠的對話。他責備我打架，說我讓學校難堪。

他其實一直都想和我談談我的運動員精神，直到這場激烈的打鬥讓他終於開了口。他告訴我，我必須澈底改變我的態度。韓德森先生知道我渴望成為大學足球隊的一員，但他告訴我：「陶德，你很難帶，因為你覺得自己什麼都懂。沒有人喜歡和你一隊，因為你在他們犯錯時，只會對他們大吼大叫。除非你能扭轉你的態度，否則想要達成你的目標，將會比一般人困難很多。」

韓德森先生是我人生中一位很重要的良師。有些人看得出來，並認為他很嚴厲。我們很親密，我很尊敬他，但這並不表示我不會頂嘴——我當場就頂嘴了。

他就像所有好教練一樣，沒有把我留在原地，讓我自己去想辦法解決。他告訴我：「如果你想實現你的目標，就需要控制你內心發生的事情。你星期一到學校的時候，我希望你去圖書館裡找一本書來看。」

我照他說的做了，我星期一去圖書館找出那本書。坦白說，實在太難看了。然而，它還是有帶來一些好處，就是作者提到關於思想方面的部分。這部分激發了我的好奇心，想去了解更多，於是我開始研究內在的遊戲、精神韌性、靜心冥想（這主題在當時還很怪力亂神），以及如何進入內在的區域。

我的另我

一八七七年，傳說中的印第安酋長「坐牛」（Sitting Bull）在印地安戰爭中擊斃美軍上校喬治・阿姆斯壯・卡斯特（George Armstrong Custer）後，越過邊境逃往加拿大。當這批原住民進入加拿大時，遇到了加拿大皇家騎警，並獲得庇護免受美軍威脅。坐牛在那個地區生活了四年，與其他部落進行和平調解，直到最終返回美國投降。我家的牧場距離他們當初在加拿大狩獵、採集和生活的地方不遠。

雖然這段歷史與我的排球爆發事件無關，但確實與本書的其餘部分有很大的關係，能幫助你找到靈感的來源，解鎖英雄自我。

在牧場長大的孩子，父親叫我們做什麼工作，我們就得做什麼，這表示我們經常在廣闊的草原上挖掘、拖拉和行進。當我們在外面工作時，會看到以前的生火處，原住民在那裡宿營過夜，而我總是在生火處周圍到處挖，看看能不能找到箭頭或其他手工藝品。

由於這地區擁有豐富的歷史遺產，我開始對美洲原住民文化產生了濃厚的興趣。有一天，當我躺在沙發上研究戰舞（一種一小群原住民圍著生火處跳舞、吟唱的儀式）時，我發現這麼做的目的是「團結合一」，引導靈來幫助他們完成任務。

突然之間，我想通了什麼。我把書放在胸口，開始想像連結一整個部落的戰士們，和我一起走上戰場，我感到被支持、集中、有所依靠。這個想法給了我一種不可思議的冷靜和目標感。

下一次我踏上足球場時，我就像一整團部落戰士一樣走了出去。我是一個身材瘦小但動作敏捷的孩子，所以我希望參與比賽時能更有力量。這麼做似乎有助於集中注意力，但我想要的不只這些。所以，我開始去連結一些我崇拜的球員，比如沃爾特・佩頓（Walter Payton），芝加哥熊隊出色的跑衛，還有舊金山四十九人隊的超強防守球員羅尼・洛特（Ronnie Lott）。足球比賽前，我會拿出五張佩頓和洛特的球員卡，策略性的塞進我的球衣裡。頭盔裡放一張佩頓的卡片，兩邊大腿的護具裡各塞一張，想像著自己像他一樣奔跑並看著全場。然後我會把洛特的卡片塞在兩邊墊肩裡，想像自己能像他那樣發動毀滅性的打擊和攔截。我把每件事都記錄下來，然後用科學怪人式的另我上場比賽——它是由幾個不同角色拼湊起來的，但它很有效。

結果，我以瘦巴巴的身型踢出了卓越的表現。最後我達成了目標——進入大學美式足球隊。

這並沒有解決我所有的問題，因為我仍然要處理學校和個人生涯中的問題，但只要在賽場上，我把所有問題放在一邊，轉變為自己的最佳版本，這樣我就可以和對手競爭。就像謝普說的那樣，「另我」成為了核心自我的盾牌，讓我清楚知道此時需要誰在場上表現才能獲勝。

心靈的奧祕

深受大家喜愛的英國演員羅溫・艾金森（Rowan Atkinson），以他在電影《豆豆先生》（*Mr.*

Bean）中的角色而廣為人知。然而他還在讀書的時候，卻因為口吃而被同學欺負。隨著成績的進步，他最終拿到牛津大學的電子工程碩士學位，同時也發現了一些意義深遠的東西。在學校時，這個說話過度結巴的男孩，對戲劇產生了興趣。

在二〇〇七年八月二十三日出版的《時代》雜誌上，艾金森被問及他是否還有口吃，他回答：「它來來去去。我發現當我扮演一個不是自己的角色時，口吃就消失了，可能就是啟發我追求這個職業生涯至今的原因。」

艾金森的經歷凸顯了一個關於人類的有趣面向：關於大腦怎麼運作的，我們還有許多不清楚的地方，我們仍在努力繪製「未知大陸」的地圖。然而我們都知道，如果能夠善加運用，我們的想像力具有不可思議的力量，可以創造出新的世界和新的可能性。在我接下來要分享的故事中，你們會看到運動員透過「另一個自己」，改變了身體表現的某些方面，在這之前，他們的父母花了大錢讓他們進行技能訓練，都無法解決這些問題。這是心靈的奧祕……但是關於它發生的原因，背後有些理論支持。

不同的人，同樣的方法

我二十歲出頭的時候，又再次應用了另我的概念，只是當時我並沒有這麼稱呼它。當時我利用空閒時間，剛創辦了一家體育訓練公司。透過他人的介紹，累積了一些成功案例，但還不足以維持運作。我知道我可以幫助別人，但卻沒有信心真正走出去推銷自己，我擔心自己還那麼年輕，沒有人會把我當回事。畢竟，你至少要到四十歲才會被重視（這其實是我腦子裡的規矩，四十歲等於被尊重。不要問我這觀念怎麼來的，因為它很荒謬）。更糟糕的是，我覺得自己看上去只有十二歲。

一天下午，當我在「自我壓抑」，也就是逃避做我應該做的工作時，我看了一集《歐普拉秀》，而它改變了我的人生。最後那句話是陳腔濫調，但陳腔濫調之所以會是陳腔濫調，就是因為它們是真實的。那是一九九七年，作家喬妮．雅克（Joni Jacques）和觀眾分享她在慈善義賣會上買了一雙歐普拉的鞋子，這件事改變了她的一生。她說：「我買了這雙鞋，我真的超喜歡它們，還把它們放在臥室裡。在我真的非常、非常沮喪，找不到任何人說話時，我就會把鞋子拿出來，然後……」[2]

歐普拉插話道：「穿上我的鞋子，她會穿著我的鞋子，現在她說她越來越少這樣做了，因為她能夠靠自己站著。」

接下來喬妮又說：「世界的重量就這樣減輕了。那一天，我的人生完全改變了。」就在那一刻，我靈光一現，我想起自己在運動場上會運用的另我，喬妮讓我突然開竅了。不知道為什麼，我從沒有想到要把它用在事業上，但說到底，那只不過是另一個表現的領域。

就像喬妮用一雙鞋來增強自信一樣，我立刻就知道我該用什麼來讓自己在事業裡表現得更好。從小到大，我認識的所有聰明人都戴眼鏡。我們小的時候，對周遭世界建立起的信念和態度，會構成我們的思想和行為。我認為「被人重視和聰明」就等於「戴眼鏡」。

所以我想，如果我戴上眼鏡呢？我認為（儘管聽起來很荒謬）很值得一試。我覺得人們戴上眼鏡，看起來就是聰明而認真，所以說不定潛在的客戶也會這麼認為。事實上，確實有一些研究發現，戴眼鏡的人被認為是誠實、勤勞、聰明，和更加可靠的[3]。就連辯護律師在出庭時，也會要求他們的當事人戴眼鏡。律師哈維・斯洛維斯（Harvey Slovis）向《紐約》雜誌記者說明：「眼鏡會讓他們的外表變得柔和，看起來不像會犯罪的人。我曾經有個案子，明明有大量證據，但我戴著眼鏡的當事人，後來被判無罪。眼鏡會創造一種書呆子的無聲防禦。」[4]

不只如此，二十世紀最受尊敬的人之一，數百萬人追隨的領袖，也戴了眼鏡，儘管他根本不需要——馬丁·路德·金恩博士戴眼鏡，是因為他覺得眼鏡「讓他看起來更高雅」[5]。

這本書封面的眼鏡，有點像克拉克·肯特的，也有點像我的。然而，對我來說，那副眼鏡是金恩博士的。它們是一種信號，提醒人們，偉大人物也有目的的使用了另我效應，而且對每個人都產生了極大的影響。讀到本書的人——或許就是你——可以成為改變的先兆，解鎖你自己的某個部分，創造一些偉大的事情。

在接下來的章節中，我將與大家分享，用來「啟動」另我的圖騰或神器，其背後的強大科學原理。

看完喬妮的故事後，我深受鼓舞，於是跑到眼鏡店買了一副沒有度數的眼鏡，讓店員相當困惑：「你確定要買沒有度數的眼鏡嗎？」

「對，麻煩你。」

「但你的視力很好啊，為什麼想要戴眼鏡？」

「因為我是怪人，可以嗎？可以就給我一副眼鏡嗎？」

那個時代還不像現在，眼鏡還沒演變成時尚配件。

接下來，當我與客戶來往時，我就會戴上眼鏡，就像我在運動場上使用另一個人格一樣。現在，我變成了理查（其實理查才是我的名字，但從以前開始，大家都叫我陶德，現在還是這樣）。我**只在**需要成為理查時，才會戴上眼鏡，工作一結束我就會拿下眼鏡。

一種模式出現

我花了數年的時間和運動員一起工作，直到我意識到，我過去用來強化自己優勢和提高表現的方法，其實是其他運動員也用過的技術。我的一個客戶是游泳選手，她希望在奧運游泳隊中獲得一席之地。我和她聊天時，她提到自己在跳入泳池後會立刻變成另一個版本的自己。

她提到的一些內容讓我停下來思考，這很有趣。她的話中有一些東西，讓我想到多年以來，其他運動員似乎也對我說過相似到有些詭異的話，但直到這一刻，我才真正注意到。我為所有客戶都做了詳細紀錄，所以當她向我提到這個「另一個版本」的自己後，我開始在舊筆記本和電腦檔案中搜尋其他類似的陳述。

令我驚訝的是，我發現不只一、兩個客戶說過類似的話，而是**很多**。

他們不叫它另我、祕密身份，或任何其他的名字。有些人稱它為「另一個版本的我」，就像這位有望參加奧運的游泳選手。有些人說他們會假裝成動漫或電影裡的人物，比如金剛狼。許多運動員提到漫畫書或超級英雄角色、體育英雄，做為他們想像中的自己。

我注意到這個模式之後，每當有客戶提到他們會進入不同版本的自己時，我就會問他們是否會使用什麼輔助道具。我想，既然我會使用球員卡和眼鏡，或許其他人也運用類似的東西，來幫助自己展現出另一個版本的自己。我的預感是對的，許多運動員都有自己的道具。

對我來說，僅僅注意到這種模式是不夠的，我想運用我發現的事情，找出一套幫助其他運動員的方法。

立刻有效的方法

運動員經常會陷入批判、擔憂和批評的情緒。他們內心的批判，正是許多籃球選手放棄投出最後一球去追回分數的原因；是棒球員在二壘和三壘有人，比數僵持時卻三振出局的原因；是高球選手推桿不進而無法領先的原因——有什麼東西在阻礙著他們。

在這個「內在遊戲」工具箱中有許多工具，我們可以使用其中任何一項來幫助人們發揮能力。其中有一些是長期戰略：

- 靜心冥想
- 更好的指導
- 放鬆和呼吸控制
- 想像和視覺化
- 精進技能
- 培養規律模式
- 目標設定
- 在某些情況下，甚至需要治療

我在與客戶合作時也會使用這些方法。然而，如果我週四被叫去幫助一個週六就有重要比賽的人，光是這些長期策略還不夠，我**現在**就必須幫助他們。

上面列出的某些策略，可以在時間緊迫的情況下使用，但我發現只有一種策略，能一次又一次的產生一致的結果。這就是為什麼它一直是核心策略，也是為什麼我會被稱為職業體育界的「另我哥」。

現在，我已經從事這個職業二十年了，我所分享的策略，超越了體育圈和娛樂圈。我見過人們利用「另我效應」為他們的草創公司找到資金、成為更好的父母、推出新的線上業務、寫書，以及追求擱置多年的目標。

到目前為止，我已經談論了很多「另我效應」。接下來要告訴你們，它是如何運作的，以及為什麼如此有效。

Chapter

3

另我效應的力量

伊恩是個聰明的行銷專家，也是一家價值數百萬美元的電子商務公司創始人。他以前是個認真的網球選手，他告訴我：「我不只贏了幾場高中比賽，大學時，我得過全國冠軍。」

伊恩從小就是個令人不敢小覷的競爭對手，三歲起，他就握著球拍，他的身體素質絕對能讓他更上一層樓。

遺憾的是，這些也只能讓他走到這裡。「你問任何一個和我打過網球的人，他們都會告訴你同樣的事情：我是一個浪費天賦的典型案例。我的身體素質很好，但在心理和情緒上都無法振作起來。我在球場上就像個精神病患，輸球還會打斷球拍、搥牆壁。」

到底是什麼讓伊恩這樣暴怒又沮喪？我是說，畢竟這只是一場網球比賽而已。但是對伊恩來說，這不

只是一場網球比賽，他也**不只是**在某個週末比賽中輸球。

「在我心裡，我並不是輸掉了一場網球比賽——而是做為一個人，我很失敗，因為網球選手就是我之所以是我。」

好，讓我們暫停並重播這句話：**做為一個人，我很失敗，因為網球選手就是我之所以是我**。

你對這句話有共鳴嗎？如果你是個野心勃勃的人，很可能會。伊恩這預言般的陳述，就是另我效應的核心，也是我想介紹給你們的模型。另我之所以能引起成千上萬人的共鳴，並讓人們做出決定性的改變，原因在於：

一、這很合理，而且你已經知道怎麼做了。

二、它讓你看到自己是一個多維度的人，你扮演不同的角色，並確實知道誰會在哪裡出現。所以當你需要超人時，你不會帶出克拉克・肯特。

三、它觸及「為什麼有才華、有能力者表現不佳」的核心。這些人並不知道這點，他們沒有意識到「誰」會出現在他們的賽場上，並進入那些聚光燈時刻。

我所謂「誰會出現」是什麼意思呢？讓我解釋一下。

你如何成為「你」？

在開始介紹建立另我或祕密身份的各個階段之前，我想先讓你知道為什麼它如此強大，而你又為什麼很容易進入一個不太能幫助你成功的自我。在接下來的幾頁裡，我們將透過一個模型，來解釋我們是怎麼變成現在這樣子的。在之後的章節裡，我們將運用它，帶著更多自信、勇氣和信念來應對自己的人生。

一開始，你必須先明白你有一個「核心自我」。

核心自我是可能性的所在之處。創造性的力量就駐留在這個深層內在核心裡，等待被意念的力量啟動。正因為人類有這種不可思議的能力，能去想像、創造和決定，因此它能給你機會在瞬間改變一些事情。核心自我是你內心深處的渴望、願望和夢想所在之處。如果你曾經逃避承認自己真正想要的東西，那可能就是你的核心自我在和你說話，就是這些內在的騷動讓你採取行動，朝著讓你興奮或「眼睛為之一亮」的事情前進。

這也是「內在動機」的來源。如果你曾經產生這類的問題，像「為什麼我要做某件事」或

「為什麼我在意它」，但找不到合適的詞彙，你很可能就是受到內在動機的驅動。它們是無形的，是你摸不到、抓不著，也無法給別人看的東西。人類有許多的內在激勵因素，若是能好好利用它們，就能促成更有意義的行動。

內在激勵因素像這些：

- 成長：改善自己和不斷進步的渴望
- 好奇心：發掘新事物的渴望
- 精通：學習並在某方面變得卓越的渴望
- 冒險：接受挑戰、探索世界和自我的渴望
- 享受：因自身的努力而滿足，沉浸於這個瞬間的渴望
- 自主：具備自我控制、能掌握自己生活的渴望
- 愛：對深切關懷某人或某事的渴望

這些內在動機是每個人都有的，只是展現的方式不同。它們融入了人類世界，若想過有意義

的生活，它們就非常重要。

然而，當我們開始把影響思想、情緒和行為的所有其他層面，與我們的真實自我搞混時，問題就出現了。如果你曾試著解開「我如何成為現在的我」這個謎題，那感覺可能就像被蜘蛛網困住。你越是拚命嘗試，就把自己纏得越緊、陷得越深。你不能解釋為什麼自己在面對一個重要的決定時，就變得猶豫不決；你無法理解為什麼當你和某些人相處時，就會變得沉默、緊張，或不斷質疑自己的想法。

你不知道為什麼在推銷電話中你一直說個不停，結果客戶還是不願購買。你也不知道為什麼自己一直夢想創業，卻從未實現。

重要的是要理解，我們的核心自我擁有創造可能性的力量，無論對你來說這種可能性是什麼。你可能不曉得自己是如何變成現在這個樣子的，或是你會對自己說：「……但我就是這樣啊。」

也許不是。

我們是誰，尤其當我們如何進入不同賽場、如何表現，其實很大程度上是受到各種內外因素的影響。

我把這些影響分成四個層次，圍繞著我們的核心自我[4]。

第一層：足以激勵你的因素

你在核心驅動力層會發現你深切在意、有所連結、認同的東西，這些東西會給你一種使命感，也經常是人們覺得能定義自己的東西。這種更深層次的目標可能與家庭、社區、國家、宗教、種族、性別、特定團體、理念或事業有關。然而，正如你即將看到的，這些核心驅動因素以及其中的任何一層，也可能對你產生負面影響。（見圖1）

第二層：你如何定義自己和世界

信念層是你的態度、信念、價值觀、觀點、經驗和期望，這些和你如何看待自己及周圍的世界有關。（見圖2）

---

❹ 如果你想要完整的賽場模型圖，請至 AlterEgoEffect.com/extras/

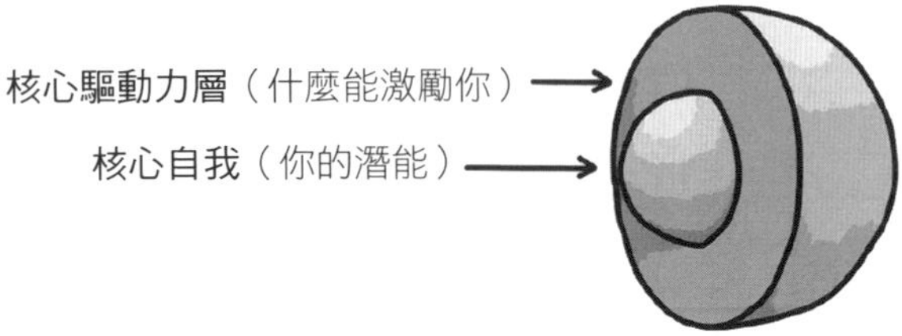

圖 1　你的核心驅動力層

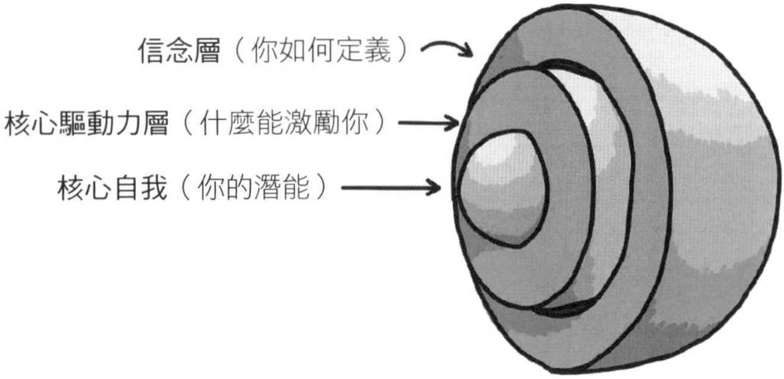

圖 2　信念層

第三層：你如何表現

行動層代表著我們長時間發展出來的技巧、能力和知識。它也是我們在賽場上和聚光燈時刻的行為、行動和反應。（見圖3）

第四層：正在發生的事

這是背景區。在賽場層，我們會受到各種影響，像是實際環境、情境、限制，與我們互動之人事物，以及他們的期望。（見圖4）

這所有層次都會影響並塑造你在生活中不同領域（或我們所說的「賽場」）思考、感覺和看待自己的方式，每一層都是日積月累建立而成。通常我們察覺不到某些行為，是因為這些影響力在我們意識之外。我們將更深入的探討這些層次，以及如何在另我的幫助下，運用它們來改變事情的結果。

你可能認為自己是一個溫柔和善的人——這是很棒的特質，然而，在工作的賽場上，其他人可能會利用這種和善，把許多不公平的工作丟到你身上，或跟你談不公平的條款。因此，你應該更用心考慮誰應該出現在那個領域中。這並不是要你貶低自己，而是確實找出能幫助你成功的

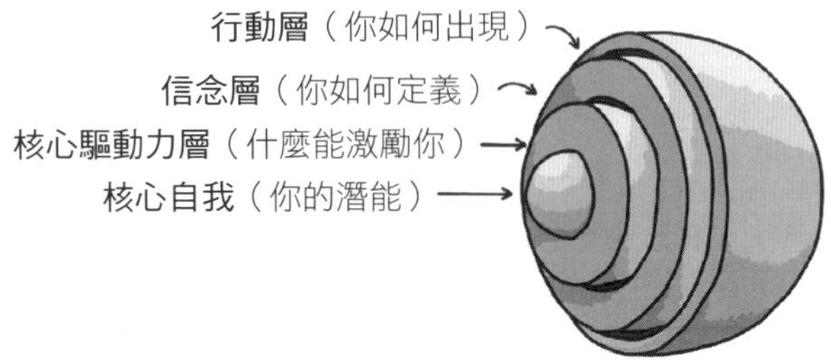
行動層（你如何出現）
信念層（你如何定義）
核心驅動力層（什麼能激勵你）
核心自我（你的潛能）

圖 3　行動層

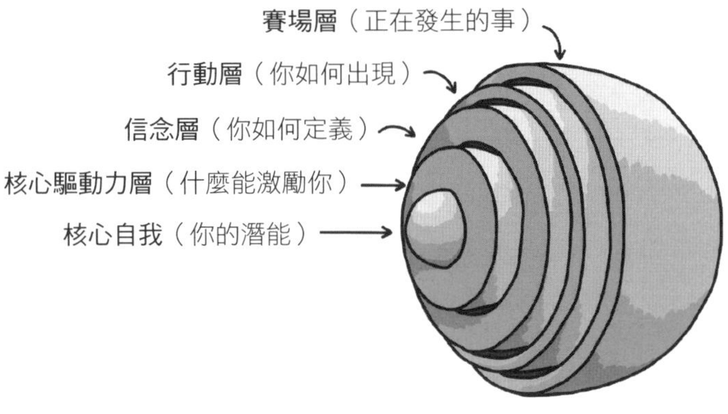
賽場層（正在發生的事）
行動層（你如何出現）
信念層（你如何定義）
核心驅動力層（什麼能激勵你）
核心自我（你的潛能）

圖 4　賽場層

性格特質，並在另我的幫助下，將這部分性格帶到你的生活中。

從福音歌手到國際巨星

星期日是底特律東部黑人社區民眾最期待的一天。他們早上起床後，會穿上最好的外出服，前往聖約翰聯合衛理公會教堂「聽天使唱歌」。唱詩班裡總是充斥著出色的歌手，但其中有個人格外突出。

潔達來自一個熱愛福音音樂的宗教家庭，他們家裡充滿了音樂，她和妹妹總會大聲唱出你想讓她們唱的任何曲子，東底特律的人很喜歡她在星期日的教堂裡，與他們分享這項天賦。她父親看出了她獨特的天分，開始帶著潔達和她最好的朋友艾麗西亞到底特律各地區參加才藝比賽。一陣子之後，她們的二人組變成了六人組，成了一個女子團體，以她們的方式說唱和跳舞，贏得不少比賽。

幾年過去，這個來自宗教家庭、唱聖歌的女孩開始獲得全國更多關注，但問題出現了。潔達發現在舞臺上表演更具「暗示性」的歌詞和舞蹈動作很困難，但她又很喜歡在舞臺上感受到的創意表達和自由，這股野心引起了內在的衝突。

而她的解決方案就是轉向另我——「海莉・史東」。海莉與「真實自我」潔達不同，她能在成千上萬名觀眾面前做出性感挑逗的姿態，海莉・史東能毫不畏懼的在舞臺上扭腰擺臀、綻放性感。這個讓教會教友們讚嘆的年輕福音歌手女孩，已經成長為一個國際巨星。

只不過，她其實不是來自底特律，名字不是潔達，她的另我也不是海莉・史東。如果你還沒有猜到，這位超級巨星其實是來自德州休士頓的碧昂絲，而讓她成名的另我就是凶猛莎夏（Sasha Fierce）。然而，聖約翰聯合衛理公會教堂確實是她讓人們驚嘆不已的舞臺。

碧昂絲在多次採訪中，都曾提到自己為什麼以及如何使用她的另我：

「當我看到自己在舞臺或電視上的影片時，我都會想：『那個女孩是誰？』」[1]

「我創造了一個另我，我在表演時做的事情，平時的我絕對做不出來。我揭露了我在訪問時，絕對不會透漏的關於我自己的事情。」[2]

「我有靈魂出體（在舞臺上）的經驗。如果我傷到腳或者是摔倒，我甚至不會有任何感覺。那時的我無所畏懼，不會意識到自己的臉和身體。」[3]

「當我要工作或是在舞臺上表演的時候，有另一個人會來接手。我創造的另我就像是在保護我和我真實的模樣。」[4]

然後最出名的事情發生了，在她二〇〇八年的專輯《雙面碧昂絲》（*I Am...Sasha Fierce*）之後，她讓這個另我退休了。她不再需要她了。無論碧昂絲需要莎夏來幫助她進行哪些表演上的轉變或嘗試，這些階段性的工作都已經完成了。

回顧你的人生，你可能會覺得自己根本算不上是個「表演者」，當然，你可能不是在碧昂絲、艾倫·狄珍妮（Ellen DeGeneres）或大衛·鮑伊（David Bowie）的環境下「表演」，有成千上萬的人在期待你的「演出」，但如果你把「表演」簡化，看成是實現某種期望，你很快就會發現相似之處。我們都有許多需要滿足的期望，這就是「表演」；我們確實必須履行某些責任，這也是「表演」。我們很多人心中都埋藏著艱鉅而富有挑戰性的抱負，必須實現自己都不確定是否能達成的目標，所以何不利用另我呢？

你有一些已經表演過的「舞臺」，也有你將來想表演的「舞臺」，而我要給你的問題是：你想要以「英雄自我」的形象出現在臺上嗎？

我花了超過一萬五千個小時，一對一的幫助各種菁英表演者，從奧運選手、執行長到年僅十歲的孩子。在幫助這些優秀的人達成更困難的目標時，「另我效應」始終是我選擇的武器。這同時也是一種非常自然的方式，讓人們可以更冷靜、更有自信的應對逆境，明尼蘇達大學的研究人員已經證實了這種方法的有效性。

啟動你的英雄自我

如果你已經開始在腦子裡把玩這個概念，或許你正想著：「嗯，以祕密身份出現好像滿酷的。如果這件事沒有成功，我就不需要對自己太苛刻，我的祕密身份可以承擔責任。我可以像碧昂絲一樣，把那個身份留在場上，把「自己」從總是干擾著我的焦慮和批判中拯救出來。」（我隨意支配了你的自言自語，不過我們就當作是這樣吧？）

使用另我在「你目前對自己的看法」和「你想要的表現」之間創造出一定的距離，這個做法不僅很聰明，而且有許多研究證據支持。我的很多客戶一開始會說他們的另我是在保護他們，但後來才意識到，這個另我實際上是他們一直以來的樣子，以及他們一直想成為的樣子。

研究人員已經證實這個概念：各個身份之間的切換，會產生空間和距離。明尼蘇達大學最近對四歲和六歲兒童的研究發現，要教孩子堅持不懈，父母應該教孩子假裝自己是蝙蝠俠或其他喜歡的角色，因為這會創造出所謂的「心理距離」[5]——也就是我客戶在說的事情，我觀察到，當人們創造出另我時，就會發生這種狀況。

該研究將孩子們分成三組，研究人員放了一個玩具在上鎖的玻璃箱裡，然後給孩子們一串鑰匙——但沒有一把鑰匙是正確的。研究人員是想知道如何提高孩子的執行功能技巧（Executive function skills），也想要知道他們會嘗試多久，使用什麼方法。為了幫助這些孩子，研究人員會先給他們一些策略，其中一個策略就是假裝自己是蝙蝠俠，孩子們甚至可以穿上披風！也可以假裝是愛探險的朵拉[6]。

研究人員發現，扮演蝙蝠俠或朵拉的孩子嘗試的時間最長，其次是只是假裝的孩子，最後是保持第一人稱視角的孩子[7]。扮演蝙蝠俠或朵拉的孩子思考比較靈活，他們嘗試的鑰匙最多，也最冷靜，甚至有個四歲的孩子說：「蝙蝠俠從不沮喪。」[8]

這項研究讓我們看出身份的力量——我們如何看待自己的力量。以及當我們在某時刻喚出一個不同的自我時，會發生什麼事。

超人創造「克拉克．肯特」是為了讓社會接受他，這樣他就可以自由活動而不會被人注意，也不會認為自己高人一等。我創建了「理查」，讓我可以擺脫不安全感，開創我的事業，為我想幫助的人提供更好的服務。碧昂絲創造出「凶猛莎夏」來探索她有創造性的一面，並試驗她的藝術表演形式。

我希望這些說明能為你開個頭，讓你理解為什麼另我能成為如此有效的變革推動者。當你更留意自己在某個重要領域的表現時，你就會啟動創意能量，將你的表現推上另一個新的水準。回到本章開頭的伊恩，如果他能夠意識到**單一**賽場並不能定義他是怎麼樣的人，他就能夠避免情緒失控、沮喪，以及心理手榴彈在他腦中爆炸。

平凡與非凡的世界

在本書中，我會不斷強調這一點，因為我不想讓這些文字的美好一面沖昏了你。如果你生活的某些方面很「平凡」，不代表你是個糟糕的人。你不會在看完本書後，在你生活中的**每．個．領．域**都變成蝙蝠俠、黑寡婦或黑豹的化身。

坦白說，如果我寫了這樣的書，我會狠狠踹自己一腳。

相對的，請把這種想法當成一個羅盤，把你定位在某一個領域中。你可以選定一個賽場，然後看看如何在那裡創造一些非凡的東西。這樣一來，這個過程會更簡單、更容易觸及，而且更容易實現。

在這一節中，我只想先告訴你，在賽場模型（見圖5）中的「平凡世界」和「非凡世界」是什麼模樣，讓你為未來的旅程做好準備。

在這裡，**平凡**和**非凡**兩個詞本質上是我們用來引導你的隱喻，是當你改變心態時，會體驗到共同經驗。此外，這種「引導」的短期和長期效應，會影響你面對未來挑戰的信心程度。這種心態轉變的正面影響，也是有研究佐證的。

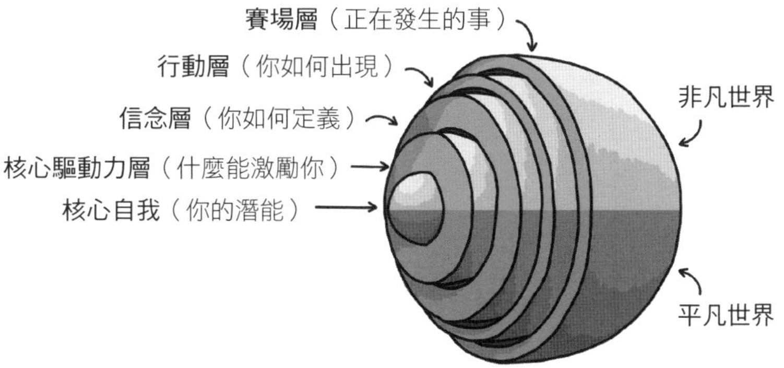

圖5　賽場模型

研究人員發現，「啟動自我壓抑」和「啟動自我擴展」是打開寶庫，獲得更多自信和勇氣的關鍵[9][10]。在我們所做的研究和工作中，我們將其稱為「唉心態」和「哇心態」。壓抑「唉心態」表示你的意念和行動是由負面情緒驅動的，你在努力阻止壞事的發生，不管那是想法、感覺，還是經歷，你都在「壓抑」以避免感覺痛苦、體驗到唉心態。

如果你採取任何行動來迴避挑戰，這就是一種壓抑的形式。當你把方向設定在消極的動機，去做某些事情來避免痛苦，或完全避開某些事情，這會讓你更難把自己看作是一個能解決問題的人。這種壓抑迴圈，讓你迴避真實自我和你想成為的人，創造出一個受困自我。

另一方面，「啟動自我擴展」就是我們所說的「哇心態」，你的意念是受到積極或成長心態的驅動。你試著在生活中激發或獲得更多東西，無論是正面的想法、情緒，還是經驗。你設定的方向是朝著正面情緒，激勵自己在生活中創造一些積極的東西，若能長期、習慣的執行，成為一種慣例，就能增強你對自己能力的信心。你會有自信、勇氣和控制權，去面對生活的挑戰，它創造出一個英雄自我。

因此，讓你的意念變得清晰，確定你能從某項活動中獲得的益處，並設定你想在這賽場中做到什麼，這些都將幫助你開啟英雄自我。

說來容易做起來難，對吧？

這就是為什麼我們要使用另我和祕密身份，它們幫助我們擱置任何懷疑，並去運用與其他人或物同樣的力量、能力和超能力。

所以，為了幫助你了解這是如何在另我效應中發揮作用的，你要先知道，我們創造出了兩個世界。我們生活在一個對立的世界裡，上與下，冷與熱，內與外，光明與黑暗……等等。分隔是為了勾勒出我們可以選擇生活的世界，平凡的世界和非凡的世界。每一組都創造出兩種完全不同的體驗。兩者都有其挑戰，但也都創造了一個有用的觀點，即當我們選擇「壓抑」或「擴展」核心自我時，會發生什麼事。

我們將在接下來的章節中進一步討論這些，我們建立了你的另我，但你會發現，這兩個分離的世界，在核心自我的中心又創造出另一個區域。

在平凡的世界裡，可以找到「受困自我」，而在非凡的世界裡，可以找到「英雄自我」。這兩種都是一般人會有的典型體驗，取決於他們如何選擇和體驗賽場。

這就是「另我效應」名稱的由來，因為它創造出一個全新的結果。

想像自己站在賽場模型的中心，然後你選擇轉向面對平凡的世界，壓抑你的核心自我，走過每一個層級，體驗普通的想法、情緒和經歷時，最終就會覺得自己被困住了。

為什麼？

就像所有精彩的故事一樣，如果有英雄，就必然有敵人潛伏在陰影中。因為你已經定位在「消極或痛苦」，敵人就能藉此壯大，讓你充滿懷疑、擔憂、自我批判、逃避和恐懼。這一切都可能導致你在某個特定賽場上，表現得完全沒有發揮出你該有的能力，在某些情況下，甚至根本沒有表現。基本上，你完全避開了這個賽場，或你不想發揮出自己所有的能力。原因是你已經被敵人暗中部署的強大力量擊中，使你陷入困境。

在所有層次中，敵人都會來挑戰你，它會這樣告訴你：

◆核心驅動力層：「你不適合做那種事啦，畢竟，你家族裡從來沒有人這樣做過。」

◆信念層：「你不相信自己，因為只要看看自己的過去，就會看到你已經放棄了很多事情。」

◆行動層：「你不具備相關的技能或知識，所以你大概只能等，直到你做更多的研究、繼續努力，最終把它做到完美。」

◆賽場層：「你不會想讓自己出洋相吧？你確定要冒這麼大的風險嗎？我可不希望大家都看到你失敗之後的樣子！」

在平凡的世界裡有一種共同的體驗——掌控一切的人並不是你。這種感覺就像「真正的你」被一些負面的故事、信念或環境困住了，而你找不到方法克服。敵人是個狡猾的小傢伙，它隨時都潛伏等待著，只要感覺到一點點恐懼、負面動機，以及對於誰要出現在賽場上缺乏明確的意念，它就會現身。

平凡的世界可以用兩個詞來概括：**毀滅性**和**平淡無味**。它對我們的核心自我是毀滅性的，讓我們做出的結果平淡無味。所以意識到這個受困自我非常重要，大多數人感覺那個人不是他們自己。然而在另我的幫助下，核心自我就有資源可以啟動你的另一個面向：英雄自我。

那麼，難道在這個非凡的世界裡，一切都是美好的陽光和彩虹嗎？

如果你回到賽場模型的中心，轉向面對非凡的世界，在你通過每一層，擴展你的核心自我時，你所體驗到的想法，情緒和體驗，將會讓你感受到英雄自我。

為什麼？

在這個非凡的世界裡，你的方向是設定為積極正面的。敵人很難用懷疑、誘惑、憤怒、自我和恐懼之箭阻止你，因為你能利用所有層面，將一系列強大的特質或超能力帶到特定賽場中，從而創造出一個另我。你從核心自我啟動這種創造力，並以你想要的方式出現。

你會說類似這樣的話：

◆核心驅動力層：「我這樣做是為了我的家人。」「我做這件事是為了一個更宏大的目標。」「我這麼做是為了讓其他和我同樣的人知道可以做什麼。」「我這樣做是為了紀念那些在我之前來到這裡的人。」

◆信念層：「我是一股改變的強大力量。」「我喜歡這種挑戰。」「我迫不及待想看看會發生什麼事。」

◆行動層：「我或許不是什麼都知道，但我會盡力而為。」「我有一種不可思議的能力，讓我專注於重要的事情。」「在高壓的情況下，我會極度冷靜。」

◆賽場層：「我將失敗這塊絆腳石化為墊腳石。」「我有很多盟友，都等著幫助我。」

這個非凡的世界之所以非凡，是因為我們直接面對人生，我們挑戰它，不讓分心放慢我們的腳步。同時，它也允許你暫停懷疑自己能力，因為你是帶著另我上賽場的。就像碧昂絲的凶猛莎夏一樣，這個另我能保護你的核心自我，不受敵人的傷害，不會被它們阻止。此外，還有研究證明，有意識的將已定義的超能力帶到你的世界裡，確實具有強大的力量。

馬丁．塞利格曼（Martin Seligman）和克里斯多夫．彼得森（Christopher Petersen）是研究快樂和幸福感的研究人員中，最常被引用的兩位[11]。在長達十年的期間，他們研究了全球近一百種文化。該團隊對十五萬人進行測試，想看看人們如何應對逆境和生活挑戰。他們發現，那些能夠辨識出自己的核心特質或超能力，並有意識的啟動這些超能力的人，具有較高的韌性，也比較成功。

透過本書，我們將深入挖掘你的另我能夠啟動的超能力。

想像力的遊戲

你和我都有這種不可思議的強大能力，能運用想像力在頭腦中創造不同的世界。但令人遺憾的是，大多數人都運用想像力來播放那些看起來像恐怖故事的場景，這會導致他們退縮並遠離他們的目標。但如果我請他們想像自己以神力女超人、德蕾莎修女或莉亞公主的身份面對同樣的事情，他們就能想像出一個完全不同的結果。（男士們，你可以想像自己是超人、曼德拉總統或尤達大師。但如果你想成為神力女超人，我也不會評判你的。）

讓我們來玩一個快速的想像遊戲。

場景：你必須在一個巨大的禮堂裡向一千名同儕發表演說。

你會怎麼表演？

你會緊張嗎？你的肢體語言會是什麼樣子？你的聲音聽起來如何？

現在想像你以神力女超人或超人的身份站上舞臺。現在你的動作、表情，和聲音又是如何？

如果是德蕾莎修女或曼德拉總統呢？莉亞公主或尤達大師？

現在，這是本書最重要的一點，所以請密切注意。

——從觀察者的角度看，誰才是「真正的你」？

回答這個問題時要小心，因為這就是大多數人在生活中都會犯錯的悖論。也是幾十年來，許多人在不專業的自我成長圈裡，把人們引入歧途的原因。

為了幫助你回答這個問題，你可以這樣想：

在生活中，別人對我們的評判是根據我們的行為，而**不是**我們的想法或打算要做的事情。

如果我想打電話給我媽媽，告訴她我為什麼愛她，然後我**真的**拿起電話打去跟她說了，這將創造另一個完全不同的世界。一個是平凡的，另一個是非凡的。

如果你在演講時異常緊張，但觀眾都**覺得**你充滿自信、能言善道、風趣幽默，那麼對他們而言，為了帶給他們良好的體驗，也讓你自己受到讚賞，他們會在意你以另我的身份出現嗎？

不會。

到頭來，我在意的是人們表現如何。

我剛創業的時候，想要成為一個自信、果斷、能言善道的專業人士，可以透過提高運動員的心理韌性，幫助他們在賽場上取得更好的成績。但問題是，那個「專業人士」沒有出現。我被敵人常用來扼殺我們行動的力量困住：擔心別人怎麼看我。人們不會尊重我或聽我的話，因為我看起來太年輕了。那些縈繞在我腦海裡的疑慮、擔憂和恐懼阻礙了我。但當我戴上眼鏡時，我的另我就站了出來，啟動我想要的特定特質、技能和信念，讓我得以完成任務。這些特質一直都在那裡，而「理查」出現並發揮它們。

這不是假裝，明明不懂粒子物理學卻裝懂，這才叫假裝。如果你一直是個無聊的物理教授，只是運用「另我」來娛樂一群物理系學生，那是為這項工作提供了合適的工具。

在我從客戶和人們那裡得到的回饋中，我最喜歡的一點，是人們對自身能力的深度和廣度所產生的驚訝感。這就是典型的「當局者迷」。

邁克爾・舒特勒夫（Michael Shurtleff）是一九六〇和七〇年代百老匯和好萊塢的選角導演。他曾說，表演這件事和許多人認為的相反，其實是在挖掘內心已經存在的東西。

> 大多數人進入演藝事業是為了擺脫自我，擺脫日常單調的自我，而成為迷人、浪漫、不尋常、與眾不同的人。那表演到底是什麼？運用你自己，從你的內心開始。不是去當別人，而是在不同的情境下做你自己。不是逃避自己，而是把自己赤裸裸的呈現在舞臺或銀幕上。[12]

丹尼爾・克雷格（Daniel Craig）不是詹姆士・龐德。但在某種程度上，詹姆士・龐德就在丹尼爾．克雷格體內。

我大多數的客戶都說，另我感覺更像他們最真實的自我（關於這點，之後會讓你自己判斷）。我的好朋友伊恩則說：「另我是你最深層的自己，最真實的你。」

這也是瓊安的經歷。瓊安受過認知行為療法和交易分析方面的訓練，她的職業生涯始於遊艇經紀人，後來在英國航空公司倫敦的技術部門從事銷售和行銷。她自稱生性內向，但也有某個自己都不太了解的面向，會在辦公室顯露出來。

「我在職涯早期有過這樣的經歷，比如在敲定一筆巨額的全球交易，處理數百萬美元的帳戶後，升遷卻受到阻礙。這些經歷讓我意識到，我必須對自己的職業生涯負責。我必須走出去，開創自己的事業，不要讓它留在別人的安排裡。」

瓊安知道，如果她想要成功，就必須以不同的面貌出現。在一個主要由男性主導的世界裡工作，瓊安在與同事和老闆開會時，開始轉變成一個堅強、大膽、果斷的女性。

當瓊安第一次聽我說到另我時，她突然覺得一切都恍然大悟了。「當我聽你談論它的時候，我想，那就是『喬凡娜』！我有一部分義大利血統，當我進入某些工作環境時，我就會從一個躲在背景中的安靜女孩，變成一個沒有包袱的人格。通常，我會很擔心別人對我的看法，但喬凡娜一點也不會擔心。一直以來，喬凡娜都在前方保護著我，幫助我前往我一直夢想的地方。」

我們進一步討論「保護」的概念，她解釋說，當她處在一個有毒的環境中，人們在做和說令人討厭的事情時，這個另我能幫助她意識到「這是其他人和他們的問題，不是我的問題。我可以遠離這些環境和人群。比如有人在會議室裡說了什麼或做了什麼，你會心想，這太糟糕了，但喬凡娜可以招架。做為喬凡娜，我能為自己挺身而出。做為喬凡娜，在必要的時候，我可以給人留下凶狠、強大、可怕的印象。」

瓊安的另我幫助她穩穩持守著核心自我，不會屈服於敵人惡毒的竊竊私語。

「我過去常擔心自己對某人太過嚴厲，但如果我不讓另我掌控並變得強勢，就不會有今天的我了。如果你不能在有必要的時候挺身而出，表現得強勢，在商界就沒有立足之地。」瓊安運用另我喬凡娜展現出最好的自己，藉此達成她的工作目標。

「在過去的兩年裡，我意識到，另我其實就是我，而且是我想**繼續成為**的那個人。」

就像伊恩、碧昂絲，和瓊安一樣，你的另我其實就是定義你想要如何表現、如何發揮超能力，借用現有人物、角色、超級英雄、動物或任何東西的特質，來啟動你的英雄自我。

是**你**決定誰要出現在賽場上。構成你生活經歷的那些層次是流動的，我陪著你建立起另我之後，你要去創造結果。哪一個角色會成為你最真實的核心自我？

多年來，心理學家也注意到使用另我概念的好處。心理學家奧利佛・詹姆斯（Oliver James）記錄了已故藝人大衛・鮑伊如何塑造出許多不同的另我，包括齊格・星塵（Ziggy Stardust），以實現他成為搖滾明星的雄心壯志，並克服受虐創傷的童年。詹姆斯甚至認為，鮑伊能夠成功並成為一個情緒健康的人，**正因為**他創造了這些人物角色。「關鍵是他利用人物角色的治療作用，來發展真實的自我。」[13]（大衛・鮑伊其實也是角色之一，因為這位著名搖滾巨星出生時叫大衛・瓊斯。）

不同人物角色的概念並不局限於少數人，或只限於像鮑伊這樣的菁英表演者。正如詹姆斯的解釋：「做為一名治療師，我遇到的每個客戶都有多個不同的自我。」[14] 詹姆斯甚至主張，所有人都可以使用不同的角色來實現目標，就像大衛・瓊斯使用大衛・鮑伊和利齊・星塵來實現他的目標一樣，「更深入了解自己的不同部分，辨識出它們和它們的來源，然後更加有自覺地在不同的環境中，選擇你要成為哪個人。」[15]

這就是我們在運用另我時所做的一切：根據生活中的不同角色，有意識且有意的選擇讓最佳版本的「自己」出場。

你可能已經在做了

我指導、教授和演講「另我效應」這個主題已經將近二十年了。在我向人們解釋這個概念後，幾乎每個人都會告訴我，他們已經在運用另我或自己的某些面向，只是從未意識到這概念。

齊絲瑪就是其中之一，她是一家培訓公司的創始人。當她第一次認識另我效應時，她意識到自己之前就使用過它的一種變體。

當時她還是個職業音樂家，「在專業管弦樂隊裡演奏時，每當獨奏之前，我都會感到一定程度的緊張。我吹長笛，要表演一些協奏曲時，我必須進入一個不同的心態。在我走過舞臺，為協奏曲做準備時，我會想著，我現在要接上誰呢？我想要像誰？有時是馬友友，有時是伊曼紐·帕胡德（Emmanuel Pahud），無論我選擇誰，那就像瞬間的變身，我會告訴自己，我會從他們那裡抽離。」

在不知情的情況下，齊絲瑪運用了另我效應的一些元素在她的賽場上，就在她的聚光燈時刻——她的獨奏。但在認識我之前，她沒有意識到，她可以在生活的其他方面也使用它，尤其是她的事業。

很多人都跟齊絲瑪一樣，或許你也是，憑著直覺，運用自己的想像力創造出另我。他們知道這種模式，只是不曾有意識的將它發揮到最大程度。這樣的模式對他們來說很熟悉，只是缺乏一個名稱或流程。

現在，你該選擇你的冒險旅程了，正如條條大路通羅馬，想要進入與發揮另我效應，也有很多不同的路徑……

Chapter 4

平凡世界

「我不知道怎麼描述這種感覺，就是像被困住了。每天早上，我都想坐在廚房的桌子旁寫作，但感覺那張椅子和我的屁股就像磁鐵的兩極互相排斥。這種抵抗令人難以置信，我覺得自己陷入了煉獄，想要創造一些東西，但卻沒有能力去克服抗拒感。」

我坐在飛機座位上，聽一位知名作家講述自己為追求畢生夢想而努力掙扎的經驗。從事我這一行的有趣之處在於，它能讓人們敞開心扉，去分享生活中的挑戰。這總能促成很棒的對話，尤其是與那些找到方法克服這些挑戰的人。

他繼續告訴我，即使他真的坐下來寫東西了，也會盯著電腦螢幕上閃爍的游標，每一次閃爍，他都會想像它在說：「你做不到，你做不到，你做不到。」

「它始終困擾著我。」

桌子旁邊的架上還有一個小地球儀，他會茫然地盯著它。他說：「我會一直盯著它，然後陷入永無止境的自言自語中，說自己不是『天生寫作的料』，或反正不管我寫出什麼都是垃圾。這讓我的靈魂支離破碎。」

在我與這位頗有成就的作家結束這段高達三萬英呎的談話時，我所得知的是：他並不是特例，這種經歷並非獨一無二。

我和一些熱愛車子的人聊過，他們想要修復並重新組裝一輛汽車，花了數年時間收集雜誌，訂購一箱又一箱的零件，甚至計畫在某個週六開始動手，結果是卻走進車庫，坐在凳子上，看著那些箱子積滿灰塵。

我聽銷售員講過這樣的故事，他們剛開始銷售時，會把車開到空蕩蕩的停車場裡，放低椅背躲起來，就在那裡坐好幾個小時，因為他們害怕上門推銷自己的產品。

有個人甚至說：「當我把手指放到座位的升降按鈕上，然後把椅背放下去時，整個人就彷彿陷入了恐懼的流沙中。在我的胸口彷彿有個逐漸加沉的負擔，隨著我躺得越下去，就變得越來越重。這真的嚇壞了我。」

也有一些運動員跟我說過，他們明明參加了比賽，卻從不嘗試出手，因為「那是（其他表現更好的球員名字）該做的事，不是我。」

這類的例子我可以不斷的說下去，藝術家、歌手、演員、科學家、學生、專業人士、推銷人員、母親和創業家等等，講述某種力量怎麼阻止他們向自己的目標和夢想邁進。

這就是所謂的**平凡世界**。

在這個世界裡，「真實的你」感覺被困住了。你有抱負、夢想，和目標，但都沒有被實現。它們並沒有出現在賽場上，讓你知道自己有多好或者能做到什麼。這令人沮喪、有壓力，而且通常會產生一大堆自我批判。

這也是一個很容易卡住的地方，因為對大多數人來說，這並不是生死攸關的事。我的意思是，又不是有一隻劍齒虎追著你，**如果**你不採取行動，就可能會死掉，對吧？**它**是你知道的一個內在世界，充滿了渴望、希望、夢想、目標，裡面的你是一個更好、不同的或更進步的自己。

你並不像電影中的角色，所有觀眾都能看見你的掙扎。

這是一個很容易被困住的地方，因為你的內在會安慰自己：「如果我不做，也沒有人會知道。」

但你自己一直都知道。

什麼是「平凡」？

現在，你可能已經在思考你的另我或超能力將會是什麼，或者是你現在需要解決什麼問題。另我的開始並沒有特定的方法，只要選擇最適合你的，從你覺得舒服的地方開始。如果你在某個地方卡住了，跳到下一步，就這麼簡單。

在本書中，我已經把章節安排好，首先要深入研究平凡世界，然後我會幫助你看到一些「一般阻力」和「隱藏阻力」，這些都是敵人喜歡用來壓制和困住你的力量。我將幫助你揭露過去是什麼影響了你，以及你的哪些部分在賽場和聚光燈時刻時出現過。

在你閱讀這一章時，你要決定首先要關注的賽場，這樣你就可以進入「實驗室」，創造你的第一個另我。讓我們來研究一下賽場的概念，並找出它的「平凡」之處，或探討一下在你賽場中的那些聚光燈時刻，因為沒有如自己想要的方式表現，或可能被任何隱藏的阻力困住時，讓你感到沮喪、灰心和失望的時候。

我們不是要讓你躺在心理學家的沙發上，解開你多年累積的創傷，因為坦白說，根本沒有必要。另我效應的強大之處就在於它的簡單性，以及你馬上就能應用它來獲得結果。

每當我第一次跟客戶或我遇到的人談話，詢問他們面臨什麼問題／挑戰／挫折時，他們都會告訴我這類的事情：

【體育界】

◆「我在比賽中出手的次數不夠。」

◆「教練對我比對其他隊友更嚴厲。」

◆「我陷入了低潮，不知道如何擺脫它。」

◆「我馬上要參加一場重要的選拔賽，我必須發揮出最好的水準。」

◆「我在球場上想得太多了。」

【商業界】

◆「我的事業剛起步，但一直找不到新客戶。」

◆「我找不到投資者投資我的公司。」

◆「我想讓公司成長，但不確定下一步該做什麼。」

◆「我的員工簡直要了我的命。」
◆「我快累死了，業績卻一直沒有成長。」

【職業生涯】

◆「我沒辦法完成作品，痛苦得要命。」
◆「我是個好人，也喜歡當好人，但在公司，人們總是欺負我。」
◆「我厭倦了長時間工作卻得不到認可。」
◆「我所屬的整個產業都在變化，對未來的不確定性讓我壓力非常大。」
◆「我討厭走紅毯和上媒體宣傳，我就只想演戲而已。」

我可以在金融、健康和健身、家庭、人際關係、個人時間和幸福等領域繼續講下去，但我相信你理解我的意思，生活是一種挑戰。

問問你自己：

◆是什麼讓你在生活的某個特定領域感到沮喪？是什麼讓它「平凡」？

◆你不喜歡它的什麼地方？

◆其中有什麼問題？

◆有什麼是你覺得你能做到，卻沒有做到的？

你比任何人都了解自己，現在，你是否能誠實且真實面對自己，將為你奠定基礎，在閱讀本書之後獲得更多成功。沒有必要打擊、羞辱，或嚴厲的批判自己，請保持客觀和真實。

你的賽場

「約翰就是個野獸！他堅忍不懈，是我見過最鼓舞人心的人了。」

這是我在二〇一一年訪問客戶的員工時，最常聽見的評論。我這位客戶約翰是個自豪的「來自義大利布朗克斯的孩子」，他熱愛媽媽做的通心粉，說「老兄」的次數超越我認識的任何人。

約翰用飛機把我送到休士頓，與他那間貿易經紀的員工見面，幫助他們提高業績表現和士氣。自二〇〇八到二〇〇九年的金融危機以來，該公司一直遭受打擊，他則不斷努力保持業務盈利。他希望我幫助他的團隊「全速前進」，清掉一些已經開始在製造有毒環境的垃圾思緒。

我花了幾天時間與三十五名不同的團隊成員會面，從勤奮的行政助理席維雅，到壓力很大的經紀人馬庫斯，他們每個人都願意跟隨約翰上戰場。

在與所有團隊成員都談過之後，我和約翰坐在他精心裝修的辦公室裡，牆壁、書架上都擺滿了運動紀念品。我們整理了過去幾天收集到的資訊，並討論未來。

約翰最初會來找我，是因為我的一個NBA客戶正好是他的朋友，這個客戶跟他談到了我。我幫助他這位朋友建立了另我，約翰也很感興趣，因為他覺得自己失去了優勢。

現在，在我們一起工作幾個月後，我們一同坐在這裡，我問他：「你的另我對你有幫助嗎？」

他笑著說：「你應該問我太太和孩子這個問題！」

「所以很有效囉。」

「兄弟！你根本不知道，你超強的。她準備了一堆奶油甜餡煎餅卷要給你帶回去。」

之前，我提過我們在生活中會扮演許多不同角色，每一個角色——父母、配偶、公司老鬪、領導者、姐妹、兒子，都對應著一個賽場。你可以選擇任何你想建立另我的賽場，而當我建議時，你腦中可能就會浮現自己的職業生涯、運動或事業方面。

但就約翰而言，他覺得他的事業不需要更多幫助了，他已經有了絕佳的職業道德和良好的態度，他現在的工作形象已經是個「野獸」了。然而，他的家庭生活完全是另一回事。

他成長在一個父親缺席的家庭裡，就算父親在家，不是對孩子們大吼大叫，就是窩在他的椅子裡，無視所有人。約翰的家庭生活開始和他父親的越來越像，而他討厭這種生活。所以我們沒有把他想改變的精力用在工作方面，而是用在他的家庭生活賽場。

約翰創造的另我，就像他在紐約成長的過程中，他最好朋友的爸爸一樣。「提米的爸爸總是和我們玩在一起，開開玩笑，在街坊中舉辦最棒的燒烤聚會，他熱愛生活。和他在一起很有趣。」

在這個過程中，約翰發現，他越專注於創造一個鼓舞人心的家庭生活，就越能改變他的工作生活，而他的團隊也因此更愛他。

我注意到他的團隊一次又一次的稱他「野獸」，事情是這樣的：他們本來很尊敬他的職業道德和商業頭腦，但他們稱他為「野獸」和「鼓舞人心」，是因為他在家裡的表現。

在你閱讀本書的時候，我鼓勵你先確定一個賽場，來建立你的另我。

這個賽場是你的私人生活嗎？有些人有著卓越的職業生涯，總能輕易的獲得成功。但當你去看他們的私人生活時，就不那麼理想了。他們不知道如何與重要的人、家人、朋友或孩子建立親密、有愛、穩定的關係。雖然我為客戶做的大部分工作，都是從他們的專業或運動領域開始，但就像約翰一樣，當他們意識到自己想成為一個更好的另一半或父母時，我們往往會進入他們的私人生活。

你想在職業生涯中擁有一個另我嗎？有些人的私人生活非常棒，有著充滿愛與支持的關係，但談到在職業方面的成功時，他們並沒有達到自己的理想。

我建議你選擇最讓你感到沮喪、焦慮或心痛的賽場，因為在這種情況下，建立另我將會對你的生活產生極大的影響。

順帶一提，我稱其為「賽場」的原因有兩個。第一，很明顯是來自體育世界的概念，賽場上都會有粉筆線、邊界、起點和終點。這是為了幫助你覺察到，我們在生活中會涉足許多不同的領域，許多不同的階段和舞臺，每一種都需要不同的技能、態度和心態，才能夠成功。

這也是另我效應如此強大的原因之一：因為你會真正去意識到誰要出現在這個場域上。

我使用賽場的第二個原因，是「**比賽**」這個詞。這是為了提醒你，你可以享受過程中的樂趣。生活已經夠艱難了，嚴肅認真的事情和實實在在的掙扎，都是生命中必然會出現的部分。但這並代表你不能像小時候那樣，抱著一種玩耍的態度去玩這個概念，並從中獲得樂趣。

約翰就是這麼做的，現在輪到你了。

瑪麗安的故事

瑪麗安和她先生在一九九九年開了一家汽車維修店。她面對的最大挑戰是顧客，因為她先前在銀行業，所以了解經營一間公司的收入主要來源永遠是顧客服務。但當顧客打電話進來諮詢，她接起電話時，他們卻不想和她說話。他們想與技術人員或老闆交談——他們想與男性交談，不是女性。

瑪麗安承認：「這些人讓我非常受挫。但有一天晚上，我熬夜思考這個問題，問自己：『讓我喪氣的真正原因是什麼？』然後我意識到問題出在我自己身上，是我沒有能力跟顧客解釋這個過程，進而幫助他們。」

瑪麗安知道自己聽明能幹，但在電話裡聽起來一點也不像，所以客人當然不想和她說話。她打算做兩件事，首先，她必須獲得必要的知識和技能，其次，她創造了一個另我，幫助她在聚光燈時刻（客戶打電話來）時，表現得更加理想。

沒過多久，客人開始專程打電話給她討論遇到的汽車問題，尤其是其他的女性，她們對此感到特別自在，因為能在這個以男性為主的行業中，得到一位女性的幫助。

在你平凡世界裡發生的事情，也可能是「沒有發生」的事情。比方說你是在逃避某些事，也許你剛開始創業，但沒有出去宣傳你的新產品或服務，也沒有打銷售電話；也許你想要創業，但遲遲沒有行動；也許你想要求加薪或升遷，但沒有實際作為。

曲棍球傳奇人物韋恩·格雷茨基（Wayne Gretzky）最常被引用的一句經典的俏皮話就是如此：「如果你不出手，失手的機率就是百分之百。」

也許你有專注力缺失症，無法集中心力完成一件事，這會讓你浪費很多精力，而這些血汗和淚水都沒有回報。

無論這件事是什麼，使用這個框架來了解你的平凡世界，這樣我們就可以釋放你真實的表現能力。

「進步的五座橋」練習

請先問一下自己：最近你有沒有注意你和別人談話的內容或話題？

我可以保證它們屬於以下五座橋之一。我把它們稱為「橋」，因為橋是讓東西進出某個區域的通道。對你來說，這五座橋既可以幫助、也可以損害你的職業、運動或私人生活的品質。

◆ **停止**：「我想戒煙……停止不健康的飲食……不要喝那麼多酒……別那麼晚睡覺……不要對孩子們大吼大叫……不要把事情拖到最後一刻才做……」

◆ **開始**：「我要開始多吃蔬菜……早上開始運動……開始穩定的行銷我的業務……開始享受更多樂趣……晚上開始和孩子們相處……」

◆ **持續**：「我想持續運動……我想繼續我的賽前訓練……出於工作需要，我要持續使用社群媒體……我想持續每週開一次團隊會議……」

◆ **減少**：「我想少看一點電視……我想少花點時間在社群媒體上……我想在午餐後感覺不那麼累……我想少花點時間和有毒的人在一起……」

◆ **增加**：「我想讀更多好書……我想多和我太太約會……我想多和朋友們出去玩……我想要多游泳……我想更常笑……」

生活中，關於某人想改變某事的對話，絕大多數都屬於這五種意念的其中之一。

如果你真的開始注意自己的生活，就會發現這些話題每小時都在重複。為了實現這個練習，並幫助你發現更有用的材料，我們將在這五座橋中加上一個最後的篩檢程式：「思考、感覺、行動和經歷」。

我們的生活始終在這四個層面上：你在想什麼、你感覺怎麼樣、你在做什麼，還有以結果而言，你在經歷什麼或得到什麼？

根據你的平凡世界和你所選擇的賽場，我們將使用五座橋的框架貫穿本書，幫助你弄清楚什麼是有效的，什麼是無效的，並增強你的另我。由於我們要討論的是「你想要改變的結果」，所以我們將只使用其中的兩座橋，來定義你的平凡世界和你選擇的特定賽場。針對下面每一個類別列出一個清單，然後問自己：「我想要什麼……」

◆停止體驗／停止得到（某種結果）
◆減少體驗／減少得到（某種結果）

為了方便起見，這些結果都要是你能聽到、看到、嘗到、摸到或聞到的實際行為。

例如，也許你想：別再提案失敗、減少半途而廢的次數、別再看到銷售數字下降、減少別人對我的烹飪／繪畫／寫作或創意工作的抱怨、不要再浪費時間在社群媒體上、停止住在現在的地方（搬家）、減少損失、不要再聽到教練批評我糟糕的表現、少花錢、少吃一點、別再被拒絕、身為高球選手，成績別再超過標準桿、少受一點處罰、少坐板凳、少待在家裡不出門、待辦事項清單別再增加、別再聽到家人的批評或鼓勵……❺

我在和客戶合作時，我會讓他們寫下大量的資料。做這個清單時，要自由與誠實，不要馬上就想審查或覺得不妥。這個練習的美妙之處在於，它能讓你非常清晰的看到你的平凡世界，以及你正在經歷的結果。列好這張清單之後，你就可以從最重要的事情開始著手。

你或許沒辦法什麼都做到。如果你想要一個有效的另我，就必須先專注於一個賽場。保持自律，專注於建立一個強大的另我，進而改變你在這個賽場上的表現。

「進步的五座橋」練習的好處在於，它能讓你對整個賽場進行反思。它迫使你真實的了解到，你目前在平凡世界裡的生活、行為、感覺和想法。但它馬上就能變成積極的東西，與其糾結於你想要停止的事情或無效的結果，我們將轉向你真正想要的，和你想要開始經歷的事情——這就是非凡的世界。我們會花幾個章節抵達那裡。

我通常會告訴客戶：「我不在乎你的答案是什麼。」我是真的不在乎，我們每個人生活的方式都是自己選擇的。我唯一在乎的是，客戶的行為、思想和情緒有沒有與他們真正想要的一致。當這些東西一致時，奇蹟就會發生。大多數人都不一致，我們都在對抗內心深處的一種拉扯感，渴望生活在非凡的世界裡，但希望改變的是「外在」的某些東西——不要被這種想法困住了，因為敵人就住在那裡。

只要對自己誠實。「對自己誠實」就是找到情緒共鳴的方式，找出你的動力和目的，這將點燃你的另我。

---

❺ 想看看別人的例子獲得更多靈感，請至 AlterEgoEffect.com/tribe

就是此刻

在這位知名作家繼續講述他的故事之際，我一直在想著：他為什麼對那個地球儀如此熱情？不過，我馬上就得到答案了。

「那麼，你最後是怎麼轉變，並擊敗抗拒感的呢？」我問。

他笑了起來：「靠拖延，很奇怪吧。」

「噢，真的嗎？」

「對，當時我坐在扶手椅上，讀一本關於法國小說家雨果的書，他的故事中有一些東西打中了我。裡面有一句話說：沒有什麼比『就是此刻』的思想更有力量。我彷彿被一本書打中頭一樣，覺得他就是在跟我說話。

「於是我從椅子上站起來，走到書架前，拿起那個小地球儀，把它放在我的桌上，然後把法國轉過來面對著我，然後開始連結雨果。雨果成了我寫作的另我，文字開始從我體內流出來，因為『就是此刻』。」

現在，你的腦海裡是否已經有平凡世界的清晰畫面？

你知道是什麼讓你受挫嗎？

如果你知道，那太棒了，因為**就是此刻**，該踏入非凡世界了。

Chapter

5

尋找聚光燈時刻

我們坐在一間會議室裡，周圍是大片的玻璃牆，俯瞰著紐約的水泥叢林，看著成千上萬的紐約人在底下疾馳。

尚恩和我看著窗外的風景，他指向城市另一端好幾棟令人印象深刻的摩天大樓，那裡面都有他的客戶。尚恩是一家大型科技公司的雲端儲存部門主管，專門與世界上最大的銀行和金融機構合作。我會認識尚恩，是因為我在指導他女兒（一個優秀的足球運動員），他看到我們為了幫助她表現更穩定而採取的措施後，也想把同樣的高效能策略運用在他的事業中。

我們走回大桌子旁，他坐下來。我拿起一組紅、藍、黑的白板筆，轉向白板準備開始工作。今天我們要為他的目標制定一個計畫，讓他成為公司裡的銷售冠軍。這可不是小事，因為他在《財富》五〇強的企業裡工作。

我問他，正常的工作日大概是什麼模樣。他告訴我一些與客戶會面、做簡報、共進晚餐、打電話給一些人、處理一些行政工作的事情。

「他們付錢給你是要你做什麼？像是在績效評估中，老闆是怎麼評價你的？」我想要他深入挖掘並對自己的表現進行詳盡的描述，讓他完全弄清楚，什麼能夠真正改變他的事業。

「我被聘用來發展紐約市的雲端計算市場，尤其是金融市場。」

「好，那你在老闆眼裡表現得怎麼樣？」我問。

「很好，我都有達標。」

「你想要的只是『達標』嗎？」

「不，我知道我可以做得更多，我還有很多沒有發揮的能力。」

「好，那我們來看看你的賽場，從『達成更多交易』這個最終目標往回看，看看是否能找出必須改變的事情，來實現這個目標。」

以終為始

以終為始就是先定義出最終結果或目標，然後從該目標往回推，建立出實現目標的策略和計畫，有些人稱之為「終端思維」。在各個領域中，那些非常成功的人都有這種卓越思考能力。如果你感覺自己漫無目的的前行，那很可能是因為你還沒有確定一個目標、目的或結果，而你只是在瞎忙。

選擇一個目標，然後往回推，可以幫助你看清楚，為了達成理想的最終結果，你必須做到哪些重要步驟。

想要每天早上六點起床，感覺神清氣爽、充分休息了嗎？

想在十年內有一百萬美元用於投資嗎？

想舉起雙手歡呼結束一場比賽，為自己的勝利欣喜若狂嗎？

想在九十天內擁有讓你自豪、苗條健美且健康的身體嗎？

想在起飛前九十分鐘抵達機場嗎？

那麼就逆向工作，制定出讓這件事情得以實現的計畫和步驟。這是否表示你將百分之百確定能實現目標？當然不是。不過，你能夠大幅增加這種可能性。

我幫尚恩弄清楚他在公司的真正目的之後（在紐約金融市場中，將雲端計算的收入提升到特定的水準），他就比較能排除不必要的干擾，把精力集中在重要的行動上。

這樣倒推起來，我們開始著重的就是那些可能對發展紐約金融市場產生真正影響的行動。我們列出的清單包括與客戶會面、打電話聯繫潛在客戶、建立關係的餐敘，還有簡報等等，這些都是尚恩職業賽場中的重要活動。如果我們談論的賽場是他的家庭、個人幸福或者運動，這些活動顯然會完全不一樣。但尚恩想在職業生涯這一部分創造卓越表現，所以我們就關注這個部分。

我們把這些活動分解開來，仔細觀察他在賽場上的表現。這就是我所說的聚光燈時刻，它們是對你的成功有最大影響力的行動、機會、事件、情況或期望。聚光燈時刻裡有最大的阻力、最多的情緒和最大的挑戰，因為它們發生的時刻，或許就是你最脆弱的時候。

它可以是：

- 向人推銷
- 在球場上出手

◆ 把你的想法確實寫出來
◆ 在群眾面前演講
◆ 出聲糾正他人的錯誤
◆ 說「我愛你」
◆ 投資金錢
◆ 投出履歷
◆ 參加考試

這是賽場模型（見第57頁圖5）中，行動層與賽場層交會的地方。在這些時刻，你可能會因為你的行為、結果和反應，而被別人評判。在這些時刻，敵人那些一般和隱藏的力量都在虎視眈眈等著擊倒你❻。

法國評論家查理斯．杜博斯（Charles Du Bos）曾說過：「關鍵在於，隨時準備好犧牲現在的自己，成為我們將來可能成為的人。」

人生的真相是，不管你有多成功，不管你到達怎樣的高度，總有些時刻，你仍然在苦苦掙扎，仍覺得自己表現不佳。每個人——甚至是世界上最優秀的運動選手和最成功的商人，在賽場上的某處仍會有所掙扎。而能成功的人，則是那些願意審視自己的過去或資料，並誠實面對自己表現狀況的人。有時候，你是缺乏勇氣去嘗試，而有些時候，你是缺乏勇氣承認自己一直在嘗試錯誤的東西。

尚恩和我仔細審視他過去的成功和失敗，看看我們能發現什麼，進而帶來大幅度的改變。

「在這所有活動中，有沒有哪一項，是過去你曾做過，並且為你創造出更多商機的行動？」我問。

「有，我之前在辦公室舉辦『午餐學習會議』，邀請了一些潛在客戶，甚至是現有客戶來參加。我會向他們簡要的介紹我們在做的工作，展示一些新技術，介紹團隊成員，並回答他們的問題。」

「這很棒啊，那你去年做了幾次這樣的午餐會議？」

「呃，一次。」

---

❻如果你想了解更多這些力量交會時如何共同作用，請至 AlterEgoEffect.com /resources

他的回答使我大吃一驚，繼續追問：「認真的嗎？這是你最成功的活動，而你只做了一次？」

他笑了起來：「是啊，不是什麼明智之舉。」

「沒有批評之意，」我說：「很顯然，你沒有多舉辦幾次午餐會議是有原因的。如果你發現某件事對你的表現能造成很大影響，而且老闆也會因此評價你的表現，那麼是什麼阻止你多做幾次呢？」

還記得上一章「進步的五座橋」嗎？如果你看一下前面這個問題，就會發現「增加」這座橋。我試著探索尚恩對那個活動的想法和感受。

「就是行政作業，安排行程、訂場地、訂午餐、取得賓客通行證……這類的事情，我不喜歡做這些行政方面的工作。」

「聽起來，你需要一些專案管理方面的協助。」我說。於是我們打電話給他在公司裡的技術夥伴，他同意幫忙。我們打開尚恩的行程表，馬上就在接下來的九十天裡，安排了六次午餐學習會議。

我們把這些事處理完後，轉而探討他的演說技巧。

「你對於在人前演說的感覺怎麼樣？」

「我是一個善於與人打交道的人，但在這些人面前報告很困難。他們是商界最精明的談判者，金融界充滿了各種超級談判專家。給我聚光燈，我就會發光。但是站在客戶面前，我覺得沒有自信，而且公司要我們做的報告也太枯燥又太多細節了。原本可以表現得更好的。」

除了站在一群商界專業人士面前的自信問題之外，我們又繼續深入挖掘，發現他在哪些技能和能力方面有所不足。就他的情況而言，我建議他閱讀南西．杜爾特（Nancy Duarte）的《簡報女王的故事力：矽谷最有說服力的不敗簡報聖經》（*Resonate*），以幫助他構建更多故事型的演講。有時你拿到的工具沒辦法為你帶來優勢，所以如果你可以改變它們，那就改變。然而，有時你就是會被僅有的資源局限，而這是另我能幫你克服的。人生就是這樣，我們沒有人能夠得到所有的資源，輕鬆獲得成功，但你利用現有資源的方式，將決定你會活在一個平凡世界，還是非凡世界裡。

在尚恩的例子中，我們必須改變他的工具——演說，然後我們要創造出一個另我，這個人走路時既自信又放鬆，視自己為一個令人敬畏且有影響力的演講者。

我們開始合作的時間大概是十一月底，到了二月底，他已經主持了五次午餐學習會議，並促成更多與客戶面對面的討論。他從被困在平凡世界裡，到生活在非凡世界裡，這不僅使他的銷售數字飆升，而且他還打破了公司二月份的銷售紀錄——過去，二月是科技業最低迷的月份。當他攀升到全球銷售的頂端時，公司領導者請他把他的方法分享給所有人，這讓他的事業又更上一層樓，名聲也更加遠播。

如果他沒有專注於他的聚光燈時刻，沒有確實找出必須改變的行為來獲得新的結果，那麼他永遠不會擺脫過去的平凡世界。

另一個聚光燈時刻

我的聚光燈時刻和你的不一樣，當然也和茱莉亞的不一樣。茱莉亞在亞利桑那州鳳凰城開了一家網路和創意公司。她的團隊有八個人，負責的業務包括室內設計、部落格寫手和網路影響力。據她自己坦承，在業務成長和變得更有知名度與主導地位方面，她一直在苦苦掙扎，並不是因為她沒有能力，而是因為她內心有什麼東西在阻礙她。

她的聚光燈時刻發生在與客戶協商之際。她說：「我想讓每個人都滿意，所以我什麼都答應，結果讓自己陷入一大堆麻煩中。因為有時候，我所承諾的事情，在執行方面是不可行的。然後我就會陷入一種迴圈，因為我過度承諾，反而讓人們失望。」

在這些聚光燈時刻裡，茱莉亞沒有堅持自己的立場，她沒有為自己的信念和目標挺身而出。她總是在討好別人，這反而讓她一直表現不佳。

「我十幾歲的時候就有人這樣跟我說過，我剛創業的時候也有人這樣說：『茱莉亞，你太軟弱了，別人會把你踩在腳底下，這樣你什麼也做不成。』」

但正如她向我解釋的那樣，她並不認為自己太軟弱。「我內在其實非常有野心和決心，只是沒有外顯出來。」

茱莉亞和很多人一樣。她有能力、有技術，在自己選擇的道路上得到令人難以置信的成功，但這也是一種折磨。她必須克服一些強大的內在障礙，才能達到現在的位置。

在她的事業賽場中，當她與客戶協商的聚光燈時刻中，她並沒有表現出強勢和自信，而是俯首稱是。她太溫柔、太隨和，還讓客戶騎到她頭上。儘管在內心深處，她知道不應該這麼做，她還是一而再、再而三的過度承諾。她的英雄自我並沒有站出來，結果，事業當然也沒有按照她理想的方式發展。

她來找我，是因為她明知自己可以成為很好的領導者，但總是沒有表現出來。

常見的聚光燈時刻

想找出聚光燈時刻，必須先知道你要在賽場上創造出什麼結果，為了成功，你需要什麼特質、能力、技術、態度、信念、價值觀，以及其他所有東西？

就像尚恩和茱莉亞一樣，你一定也有某個聚光燈時刻，驅使你拿起這本書。有些事情正在發生，某些你正在採取（或沒有採取）的行動，在那些聚光燈時刻影響著結果，然後創造出一個平凡世界。

我們不只要找出你的聚光燈時刻，還要找出那些導致你表現不佳、你正在做或沒有做的確切行動。

像尚恩的行政工作算是聚光燈時刻嗎？不是的，那些是責任，但它們不會以你想像不到的方式，讓你的職涯表現迅速提升（比如在老闆面前做一場精彩絕倫的演說之類）。這些行政工作是聚光燈時刻中的障礙。

你要尋找的是那些能為你帶來最高報酬率的時刻，或有機會帶來最高回報率的時刻。

你在尋找的聚光燈時刻，是你偶爾會展現出英雄自我，但程度卻還不夠的。如果你能以不同的方式出現，就會得到不同的結果。

你現在不必去擔心那些你得心應手的時刻，即使它們可能對你的成功至關重要。

正如我在本書前面分享的，我會開始在職業生活中使用另我，是因為我總是太在意人們對我的看法。我過度在乎我在別人眼中的形象，以至於我變成了一個自己都不喜歡的人。現在，我第一次和別人見面時，完全不會在乎我給對方的印象。我知道我會以和善和尊重的態度對待他人，是因為這是正確的做法，而不是因為我想讓他們喜歡我。如果有人不喜歡我，沒關係；如果他們喜歡我，那很好。但不管怎樣，這不會影響我將成為什麼樣的人，也不影響我的自我評價。有些人在遇到他們認為比較厲害的高階人士時，會結結巴巴的說不出話來，這樣一來，就無法結交新朋友或建立商業連結，只能像個粉絲一樣，失去認識對方的機會。

茱莉亞的其中一個聚光燈時刻，就是與客戶協商的時候。而尚恩的其中一個聚光燈時刻，是對客戶演說。在我職業生涯的早期，我的一個聚光燈時刻，是發生在我與潛在客戶見面時。我覺得自己說話結結巴巴、行事猶豫不決、沒有安全感，無法完成交易。

這裡提供三個每天都會出現的聚光燈時刻，以它們做為靈感，去尋找你的聚光燈時刻[7]。

上臺報告或公開演說。手心出汗、呼吸急促、緊張抖動、口條紊亂，這些症狀出現在無數人身上。他們知道自己無法避免在內部會議上報告，或意識到為了提升線上業務，他們必須開始主持更多網路會議或培訓研討會。我有很多客戶，都是苦於這種聚光燈時刻，如果他們表現不佳，就會嚴重阻礙他們的職業生涯。你在聚光燈下必須顯得非常自在，大家想看到那些天生就擅長公開演講的人，無論你在公司會議室、某個活動的舞臺上，還是團隊會議中，都是如此。

我還發現，有些人對自己的能力和貢獻感到緊張或沒有安全感（懷疑、擔心或批判）時，他們就保持沉默，而不願在會議上提出自己的想法和意見。

社交或第一次見某人。有些人在社交活動中總是當壁花，他們只和認識的人交談，或是整個人看起來非常不自在，既緊張又彆扭。而有些人則是會超速運轉，飛快的到處走動，向每一個與他們有眼神接觸的人遞名片。我有一些客戶，他們把整個房間都走遍了，卻還是錯過絕佳的機會，無法與人以有意義的方式交流。與人見面並建立連結，仍然是我們發展業務和職涯的關鍵途徑之一。

成交案件。有時候，顧客已經流露出準備要購買產品或服務的態度，但遺憾的是，銷售方卻忙著按照自己的順序或流程行事，而平白錯過了大好機會。他們表現得像機器人，而不像人類一樣靈活。有些人會糾結於不好意思開口叫對方付錢，就這樣笨拙的講個沒完。他們會一直說個不停，卻沒賣出東西。或是因為他們給人的印象太沒安全感、太膽怯，所以從未成交過任何一件。

「停止」和「減少」的行動

要將進步的五座橋應用到行動層，需要應用的是以下這兩個部分：

- 停止做／停止退縮／停止逃避／停止行為／停止選擇
- 做少一點／選擇少一點

記住，行動層包含你的動作、反應、行為、技能、知識，是你帶到賽場上的所有能力。你的

❼ 如果你想了解不同領域，比如體育、商業和個人生涯的更多詳細內容，請至 AlterEgoEffect.com/moi

表現如何？你做了什麼？你的態度如何？你做了什麼選擇？如果你經由「停止」和「減少」的橋來處理這些問題，可能就會發現一些阻礙你實現目標的關鍵因素。

所以我們要觀察賽場模型的行動層，審視這些行動如何影響你得到的結果。就像在第四章一樣，你的答案必須清楚詳盡，仔細描述在聚光燈時刻中，正在發生什麼或沒有發生什麼。

記住，你現在是在收集所有必要的資料。稍後，你就會建立出一個另我，比起現在你平凡世界中發生的事情，另我將以完全不同的方式出現，甚至可能完全相反。

如果有必要，請回到前一章，看看你寫了什麼。在你描述平凡世界時，可能就已經發現了聚光燈時刻。那現在我們唯一要做的，就是選擇啟動或繼續困住。

藉由你剛剛完成的內容，你可能會更加清楚自己在賽場上應該如何表現，也看見正等待著你的新的未來。接下來，為了確保我們探索了你的整個世界，我們將揭示造成你表現不佳的真正敵人。到目前為止，一直有個東西潛伏在陰影裡，阻止你的英雄自我現身，發揮出所有的能力、技巧和天賦。它躲在陰影中偷偷運作和行動，但這狀況不會持續太久，因為現在，我們要把光照向敵人了。

Chapter

6

來自敵人的阻力

電話那頭的教練越來越激動，最後在電話裡大吼道：「她**應該**要贏得主冠軍賽的，但是，她卻毀了這些她本可以輕鬆獲勝的比賽！我就是不懂啊！」

和教練談了大約十五分鐘後，我們一致認為，我很適合加入成為他們訓練團隊的一員。瑞秋是一位極有天賦的網球選手，在比賽初期就輕鬆壓制了對手。但她卻難以保持領先，維持住自己建立起來的勢頭。從旁觀者的角度看來，她油箱裡的油都沒了，無法持續到底。她的表現時好時壞，對手總能後來居上。

我和瑞秋第一次見面時，讓她做了一些心理測驗和績效評估，但從這些資料中，看不太出來為什麼她的能力和表現之間存在著這樣的衝突。一直到吃完培根生菜三明治之後，我才終於明白。

瑞秋和我坐在一間叫做潘妮洛普的舒適餐廳裡，

位在曼哈頓東區，是我最喜歡的餐廳之一。那是一間小餐廳，東西非常好吃，還有著全美國最好吃的培根生菜三明治。當時她到紐約來參加一場媒體活動，我們討論了她的訓練、即將到來的賽季和平時的生活。帳單送來後，我伸手要去拿，但她卻飛快的把它搶了過去。

「這一餐我來，上一次是你請的。」

「不，不，不。」我說：「是我邀請你出來吃飯的，規矩就是這樣，被邀請的人不需要付錢。」

「那你下一次可以請客，這樣才公平。」

突然之間，一切都清楚了。這種無關緊要的拉拉扯扯，把整個謎團解開了。

我之前解釋過這一點，但這是一個非常重要的概念，所以我要再重複一次：我們的生活中同時存在著多個賽場，家庭領域、運動領域、朋友領域、工作／職業領域、興趣領域、健康領域……等等。在每個領域中，我們都被要求扮演不同的角色，而每個角色又都有一些不同的需求。我身為父親的角色和在職場中的角色就非常不一樣，就像我的運動角色和丈夫角色也不一樣。這些都是你要進入的領域，你得拿出不同部分的自己，在這領域中表現傑出。

我們無時無刻都以不同版本的自己出現，這是很自然的，是人類的正常行為。現在，你可能正在把某個具有特定特質的自己帶到賽場上，在聚光燈時刻做出對你不利的表現。它讓你沒有成功的可能，更別說要活在一個你真心想要的「非凡世界」裡了。

所以，在平凡世界裡，出現了誰或什麼，影響了這個版本的你呢？

在另我效應的世界裡，我們稱之為「敵人」。

敵人是一種力量，會製造內在衝突，阻止你表現出英雄自我。自古以來，人們就在談論這種現象，榮格稱之為「陰影」；在《星際大戰》裡，則是原力的黑暗面；而在神話學家喬瑟夫·坎伯（Joseph Campbell）眼中，就是需要殺死的巨龍。

我向你保證，敵人並不是什麼陌生或非自然的東西，你不必因為它而厭惡或打擊自己，儘管我們都很擅長這樣對待自己。

人生是二元性的，充滿了對立。光明與黑暗，出生與死亡，上與下，內與外，白天和黑夜，陰和陽。自然世界中處處都是二元性，你也是自然秩序的一部分，因此，你一直在與之戰鬥的「敵人」，實際上就是你與生俱來的一部分。

而且，順帶一提，它非存在不可。

要有光明，就必須有黑暗；要有上，就必須有下；要有英雄，就必須有敵人。這就是平衡。

不過，雖然敵人是你的一部分，但它不是你。

敵人不只是你對他人的擔憂和評判的恐懼，也是某些信念和價值觀的混合，以及特定的特質（技巧、能力、行為）被放大而困住了你，使你無法採取你想要的行動。

在前一章裡，我請你找出那些你不想要的行為，而敵人就是這些行為的來源。無論你是在協商時太溫順、傳球太多或太少、拒絕主動帶領一個專案，還是對太多事情說好，那都是敵人困住你的阻力。敵人偷走了你的聚光燈時刻，讓你安安穩穩的——活在平凡世界裡。

一般阻力

敵人躲在陰影裡，拉扯、扭轉、揮舞著我稱為「一般阻力」的東西。它產生了一種負面想法、情緒和行為的連鎖效應，影響我們，解釋了為什麼我們在賽場上或聚光燈時刻會表現不佳。

阻礙我們實現目標的一般阻力像是：

◆無法控制情緒

◆缺乏自信
◆擔心別人對自己的看法
◆懷疑自己的能力
◆生活中承擔過多壓力
◆沒有自覺
◆態度不佳

回想一下賽場模型（見第57頁圖5），敵人喜歡在其各個層面中使用這些阻力：

◆對賽場和場上的人感到擔憂焦慮，如老闆、教練、對手、市場、主場、形勢的壓力等。
◆懷疑自己是否有技術、能力、資源或恆毅力去實現夢想、取得成功、贏得勝利。
◆缺乏拿出最佳表現的自信，就算你確實具備這些技能。
◆不斷擔憂嘗試新事物的風險和失敗的可能性，即使那只是一小步。

最後，你就會為自己找藉口，認為還是安全行事比較輕鬆，至少你不會被解雇或趕出團隊。然而，你的真實自我會因為沒有把握發揮的機會，而隱隱作痛著。

態度不佳也會成為一種藉口，讓你不願更加努力，不去克服阻力，也無法從根本上讓自己產生安全感。你有沒有告訴過自己今天不需要練習？今天偷懶也沒關係，反正明天加倍努力就好？

我之所以稱這種阻力為「一般」，是因為它們是你在朋友、隊友、家人和同儕之間最常談論的阻力。我先前提過，我在排球場上因為憤怒而動手打人，那就是說明我無法控制情緒的絕佳實例。事實上，沒有什麼更深層次的原因躲在陰影裡，單純就是不成熟和缺乏情緒控制能力。這些一般阻力的原因雖單純，但不代表它們帶來的麻煩比較少。不過，你很快就會發現，另我可以比較輕易的克服這種類型的阻力。

我還沒有提到的最後一種一般阻力是「沒有自覺」，它不常被討論，然而大多數人都會因此而表現不佳。自覺指的是在賽場中思考的力量，讓你謹慎留意該讓誰出場，而這就是擁有另我的最大好處之一。當一個人不自覺時，問題就出現了，他們可能會把性格中某些不適合出現在這個賽場的部分帶出來。在本書中，隨著我們一步步建立你的另我，我會在過程中更深入探索這種阻力。在這一章稍後，我也會讓你知道，這種阻力是怎麼影響網球選手瑞秋的。

人類的頭腦是一座強大的工廠，能夠產生無數強大的影像和情緒，既能幫助也能阻礙你正在做的事。

「你還沒準備好升上這個職位，你以前從來沒有管理過別人。」

「你確定要花那麼多錢投資房地產嗎？這個風險很大，而且你只做過小型的交易。」

「不要出手，如果你沒投進，別人會怎麼想？」

「瑪麗的廚藝比你好，連她都沒有出來開餐廳了，你憑什麼認為你可以？」

「你應該讓查理當隊長的，他是個比較好的領導者。」

「你現在才要開始創業太晚了。你幾年前就該這麼做了，你已經錯過時機了。」

「你不太擅長推銷，所以募集資金可能會很困難。」

「你的新行銷策略糟透了！」

這些話聽起來熟悉嗎？敵人會利用這些擔憂、懷疑和摧毀信心的話語，來阻止你以真正能做到的方式出現。我曾經輔助過一個籃球選手，他就是沒有辦法不去擔心他父母和看臺上球迷對他比賽的看法。他被別人的看法困住，整個心思都不在球場上，導致他無法抓住比賽的節奏，也犯了很多失誤。事實上，總在擔心別人看法的人不只他，還有成千上萬。

凱倫是一間顧問公司的財務長，她最大的困難是在臺上報告。身為高階主管，這是她的主要工作之一。儘管她手邊的資訊和分析相當準確，而且她是公司裡最敏銳、最聰明的人之一，她依然懷疑自己。

無論在報告前、報告中還是報告後，「我不擅長報告」這句話一直盤旋在她的腦海裡。她站在眾人面前時，那種緊張和焦慮顯而易見。她的聲音有時會變得沙啞，當別人問她問題時，她就會結結巴巴、吞吞吐吐，這讓她非常痛苦。

她不只批判自己，也一直擔心其他人會批評她，這就形成了一個惡性循環，越來越相信自己不是個優秀的講者。

其實我發現，大多數人都具備足夠的技能和知識來改變自己的結果，凱倫就是這樣，她找到了一個另我來打敗敵人，成為一個很棒的講者。敵人正偷偷的利用這些阻力，編造一個彷彿很有說服力的理由來反對你，阻止你採取行動，比如開始創業或追求升遷。

提醒一下，我並不是提倡大家只要假裝自己擁有高超技能就好，而不去努力。如果你想成為一名心臟胸腔外科醫生，在你準備好踏入這個角色之前，你必須具備高等學位、多年的學校教育和實務經驗。但當你真的要進入這個角色時，你就必須無時無刻拿出你最佳的表現。

以上這些都是拖累或阻礙你的一般阻力，但還有一些更難察覺的隱藏阻力，它們就像木偶身上的線一樣，控制著你的生活。它們是冒牌者症候群、個人創傷和群體故事。

冒牌者症候群

戴夫來找我諮詢的時候，已經開始一份銷售軟體的生意，而且發展得不錯。他在市場上已建立了不少客戶，所以他準備要擴大規模。要做到這一點，他必須讓公司進入有更多發展空間的規模，但他沒有夠穩定的現金流提供下一個成長階段的資金。因此，他第一次尋找投資者，確切地說，是風險投資者。憑藉著他的成功經驗，他可以輕易的與一些知名風投公司進行會面。

你會以為一切都順風順水了，表面上也確實如此。

唯獨，戴夫自己不順自己的意。

他沒有自信滿滿的參加那些會面，而是像條夾著尾巴的狗一樣畏畏縮縮。結果他沒有得到他希望得到的反應，這也不令人意外。於是，他來找我。

我和戴夫聊了一會兒之後，發現他很明顯是一個聰明、能幹、有成就的人。然而，戴夫並不認為自己有成就，他對自己的許多成就和努力成果評價很低，說是「運氣」或「天時地利」而已，他明顯不相信自己能贏得這些風險投資者的青睞。

折磨著戴夫的是一種被稱為「冒牌者症候群」（imposter syndrom）的阻力，有許多高成就者和成功者都在與之鬥爭。如果敵人的形式是冒牌者症候群，那麼聽聽下面這些同伴的名字，或許你能得到一些安慰，像愛因斯坦、馬雅·安傑洛（Maya Angelou）、約翰·斯坦貝克（John Steinbeck）和蒂娜·費（Tina Fey）等，這些高成就的人，都曾說過或寫過感覺自己像個騙子。這還只是其中幾個例子而已。

當敵人以冒牌者症候群的形式出現時，它會在你耳邊輕訴一個陰險的說法，編造一個故事，說你的成功主要是靠運氣、機緣巧合，甚至基因，反正不是你的努力。它會讓人們忽視自己的技術、能力，以及之前的勝利。冒牌者症候群是最為陰險的小毛病，會影響你在賽場中的行動。

賈伯斯說過：「你不可能在展望未來時把點點滴滴串連起來，只能在回首過往時這麼做。」

敵人就是這樣解釋我們的成就和成功的，它把以前的點點滴滴按邏輯順序串聯起來，編織出一個引人入勝的故事，對我們的努力和成就輕描淡寫、不屑一顧。

敵人會說：「對，我只是在正確的時間出現在正確的地方，當然，我得獎了。我做這行這麼久了，本來就會得獎的。如果我到現在還沒贏得什麼，根本就是個失敗者。」又或者，冒牌者症候群的力量會合理化一切：「這沒什麼大不了的，很多人都這麼做過。」

反正，你不擁有你過去的任何成就，那些勝利都不屬於你。這股阻力就是這樣影響著你。

當你被冒牌者症候群控制時，會發生什麼事？你會害怕別人發現。儘管馬雅・安傑洛獲得了讚譽和成功，但這正是她擔心的。「我寫了十一本書，但每次我都會想：『噢不，他們馬上就會發現了。我對所有人耍了花招，他們會發現我的真面目。』」[1]你可能會驚訝的發現，有這麼多成功人士覺得他們會「被別人拆穿」，然後被排斥、嘲笑。然而，這是非理性的想法。只有當你**真的**沒有技術、能力或知識時，才會發生這種情況，但大多數人並非如此。

這不就是終極的恐懼嗎？被人發現拆穿，然後被趕出我們的部落？人類的天性如此，我們是群居的動物。人類能夠存活數千年，是因為我們群聚為部落，共同狩獵、採集、居住，保護彼此不受惡劣環境、掠食動物和其他部落的傷害。你不可能一邊外出打獵，一邊看守篝火。如果你想活過今晚，就需要其他同伴。如果部落同伴發現你是個騙子，就會觸發原始的恐懼：「噢不，他們要把我趕出去了！我要獨自一人困在荒野中了！」

當一個人被冒牌者症候群困擾時，就不會認真看待自己、自己的能力和成就。如果你在任何賽場中都不認真看待自己，那麼，你很可能就得不到想要的結果。

個人創傷

有些人的生活非常艱苦，他們經歷過極為創傷性的事件，可能是經歷過戰爭或父母的去世。可能是他們成長的環境，比如貧窮、家庭虐待、歧視、小時候被欺負、健康問題，或者是其他讓他們刻骨銘心的事件。

尼采曾寫下：「活著就要忍受痛苦，生存就是在痛苦中找到生命的意義。」

你無法運用另我來療癒情緒創傷，但你也不必隨時隨地都背負著這種重擔。絕對不要忽視創傷，但是敵人告訴我們的那些故事，關於我們自己的、關於我們經歷的事情，對我們通常沒有助益。敵人會說你是自作自受，或說你無法克服的這些過去。你心裡盤旋著的故事是來自於敵人。

以賈維為例，他是一名足球選手。賈維的教練認為激勵球員的最好方式，就是對他們大吼大叫。對於某些人來說，這正是他們需要的。但對賈維來說，就不是那麼一回事了。賈維的父親是個酒鬼，他像魔鬼教官一樣管理家庭和孩子。他的父親氣勢凌人，脾氣極差，以恐懼統治妻兒。

因此每當教練吼叫時，對賈維來說，非但沒有注入激勵的能量，反而引起與他個人經歷有關的情緒反應，突然之間，恐怖的感覺浮現。賈維的過去阻礙了他，導致他情緒失去控制，造成很多失誤和犯規。

澄清一下，敵人並不是你的過去，敵人只是利用過去的創傷來對付你。人們總會遇到一些不想要經歷的事情，但他們能把這些事情轉為助力獲得成功。在本書稍後，你會看到一些人，他們把過去的創傷當作動力，改變那些事件的意義，或他們重新開始創造一個另我，這個另我與過去沒有衝突，而能夠按照他們希望的方式出現。

群體故事

這是一種更加強大的阻力，因為它從核心驅動力層面影響你在賽場上的思考和行為。這些是你在自我認同方面更深層次的東西，以及你因為主流觀念而採納的潛意識信念。敵人是非常狡猾的，它悄無聲息的潛入人們的內心，依附於某些特定群體的觀念中，讓這群人相信自己能做什麼或不能做什麼。它創造了一些信念，讓你認為誰才有資格成就某件事，你可能在不知不覺中接受了這種信念，它限制了你看待這個世界的方式，認為什麼事才是有可能的。

如果我成長過程中，我的家族帶著一種觀念，認為「赫曼家的人沒有錢」或「赫曼家的人很平凡」，那麼這種想法和信念會一直影響我的行為、我的表現，以及我對「可能性」的想法。

群體故事這種形式的敵人，可能就在你家族周圍。它就是你家族世代相傳的故事。「我們家的人不會創業」是我從很多商業客戶那裡聽到的話，他們通常是家族裡第一個創業的人。這種敘述是真的嗎？不。任何人都可以成為創業家。但他們的敵人會基於他們的歷史和經歷，編織出一個故事，影響了顯露在表面的自我。

一個挑戰勇於突破現狀的絕佳例子，是芭蕾舞者米斯蒂・科普蘭（Misty Copeland）。她是一位非常著名的芭蕾舞者，也是首位被享譽全球的美國芭蕾舞劇團任命為首席舞者的非裔美國人。然而，在她身為舞者的培訓過程中，芭蕾舞界的最高層級裡不曾出現過像她這樣的人。在以白人為主的古典芭蕾舞世界裡，她不僅是非裔美國人，而且身材也更壯，不是傳統芭蕾舞界常見的嬌小身材。但今天，她已經是全球知名芭蕾舞者，站在最大的舞臺上，在成千上萬名粉絲面前表演。她本可以輕易屈服於敵人告訴她的，關於「非裔美國人不屬於那個世界」的故事。然而，她做出了不同的選擇，並激勵了一群女孩許下更大的夢想。

在解釋冒牌者症候群的阻力時，我曾提到成為部落成員的必要性，它存在於我們的DNA中。想像你過著原始人的生活，有劍齒虎和長毛象在外面遊蕩，而你被部落趕了出來。你得靠自己去打獵，自己找衣物穿，自己找地方躲避，誰來保護你？

時至今日，我們仍然渴望融入群體，找到我們的「部落」，並被他們接受。

最具影響力的部落，就是家族。我看過很多人與他們家族的期望，或符合某種好家庭成員形象的信念進行抗爭，這讓他們無法過著自己想要的生活。我來自一個關係非常緊密的家族，我的父母和兄弟姊妹都住在阿爾伯塔省我家的牧場附近，那是我們家世代相傳的牧場。

我希望住得離他們近一點，這樣我的孩子們就能更加認識他們，更常和那群親戚們玩在一起。我希望我能更常見到我的家人，但我有意識的選擇到別處生活，我選擇紐約是因為我知道它能提供更多職業發展機會。即使在離家幾十年後的今天，我仍然時常感覺敵人在拉這條線，仍能聽到那個嘮叨的聲音問我為什麼離開，什麼樣的兒子或兄弟居然會拋下家人。

通常，敵人會讓我們擔心惹惱我們最親近的人，從而影響我們的決定。它會使我們做出一些與職業的最大利益、有創造性的努力，以及我們真正想要的目標完全相反的決定。

很多人在他們開始審視到底哪裡出問題時，才發現是**自己**害怕表現出英雄自我。為什麼呢？

因為他們害怕成功，成功會讓他們離開原本的平凡世界，進入非凡世界，他們的朋友和家人可能無法接受他們的新現實，所以他們將會在荒涼之地流浪，孤獨寂寞，沒有人支持他們。

在一次線上培訓活動中，我指導一位紐約大學的教授，他曾在北卡羅來納大學和史丹佛大學任教。六年來，他一直致力於經營一份事業，目標客群是一群企業領導者，旨在創造更好的企業文化。他打造了一套模式和課程，並渴望與紐約都會地區的公司合作。他清楚看到了自己的非凡世界，但他還沒能邁出從平凡到非凡的第一步。

他開始訴說：「大學裡的全職教學工作和成立這家培訓公司，佔去了我所有時間。我也不能請人來幫我做這件事。」

我插話：「等等，為什麼不能請人呢？」

「因為如果同系所的其他教授發現我去請別人來研究這個案子，他們會嘲笑我。」

「你怎麼知道，他們真的會笑你嗎？」

「嗯……」他才剛開口，我就打斷他的話。

「你有意識到，這就是阻止大多數人取得更好發展的原因嗎？他們明明有很聰明的想法，可以讓目標族群真正從中受益。你有意識到，正是這些想法和信念，阻止了像你這樣的人把好東西推向更廣闊的世界嗎？你在考慮和擔心其他的教授，也就是你部落裡的人對你的看法。但誰在乎他們怎麼想？他們又不是付薪水給你的人，也不是會從你的想法和解決方案中受益的人。」

他就只是坐在那裡看著我。

幾乎所有人都在尋求同儕的認可——那些我們看到並相信是同部落的人。

那你呢？第三種阻力是否以某種方式困住了你？運用家族和同儕，只是這個敵人讓你陷入困境的其中幾種方式。人們的腦中也會縈繞著與各種文化、宗教、種族和性別相關的想法。

「只有他們可以那樣。如果我做了，我身邊的人會認為我是叛徒。」

「如果我這麼做，教會／清真寺／猶太教堂裡的人會不高興的。」

「這種事只有男人可以做／這種事只有女人可以做。」

「我擅長數學和科學，所以我應該成為一名醫生或工程師。」

「加拿大人很和善，從不爭吵。」（我一定要把這句話放進來。）

重點是，敵人有很多方法可以阻止你為實現目標而採取行動，讓你選擇繼續困在其中。但這不會持續太久了……

所以，瑞秋是怎麼了？

還記得這一章開頭提到的瑞秋嗎？是什麼導致她在賽場（球場）上表現不佳？為什麼培根生菜三明治突然讓我理解是什麼阻礙了她？

原因很簡單：她重視公平。

瑞秋是我見過的最貼心、最善良的人之一。但是，如果有人在咖啡店插隊，她會抓狂。如果她在街上看到無家可歸的人，她會給他們任何她能給的，讓他們過得稍微舒服點。她是個非常仁慈的人。

你應該會想，很棒啊！這怎麼會是問題呢？社會需要更多這樣的人。

我同意，然而，做任何事都要看時間地點，體育競賽就不是慈善活動的賽場。

我立刻告訴她：「瑞秋，我終於找出妳的問題所在了。」

我們走出餐廳，站在第三十一街和萊辛頓大道的交叉口談話，她說：「這是什麼意思？」

所以我問：「當你開始輕鬆的打贏別人，並且一路領先時，你會對對方產生什麼想法或感覺？」

我們又稍微談了一下，把問題確實釐清，她仔細思索了一會兒，回答說：「『妳真的有必要把她打得那麼慘嗎？別老是攻擊她的弱點，讓她那麼難看。妳非得強調妳比她強嗎？妳是想炫技讓她難堪嗎？如果是我，我也不想輸得這麼難看。』」

「然後呢？」

「然後我就會開始放水。」

「沒錯，這就是因為妳把『平日的瑞秋』帶到了球場上，那個崇尚公平，認為人人都該被平等對待的瑞秋，而這讓妳開始放水。在球場上唯一的公平，是遵守體育比賽的規則，而不是是否需要讓別人少輸幾分。在競爭中必定有贏家和輸家，妳的角色是要盡自己最大的努力，看看妳會在哪一邊。

「而現在，妳認為某人不應該經歷尷尬、羞辱或失敗，妳正在剝奪他們改善的機會。因為這些經歷通常會成為一個人改變的催化劑，剝奪這個機會是**不公平**的。妳在給他們一種錯覺，讓他們對自己的程度評估錯誤。妳必須在球場上發揮出所有能力，如果最終擊垮了某人，太好了！妳給了他們一份禮物。」

她在那兒站了一會兒，計程車呼嘯而過，行人從我們身邊匆匆走過，最後她說：「我從來沒有這樣想過，這非常有道理！『平日的瑞秋』有她的理念，而『球場上的瑞秋』則需要一個適合這種環境的角色。」

「就是這樣。」

重視平等並沒有錯，只不過，在體育和競賽的世界裡，它是沒有容身之地的。沒錯，要有運動家精神，但總是會有人輸。公平是瑞秋思想的核心，所以她把它帶到球場上，而它破壞了她的表現。

對於瑞秋，我從未試圖說服她放棄公平的價值觀，也沒有告訴她需要改變自己的價值觀。我們只是創造出了一個另我，不會把她對公平的定義帶到賽場上。瑞秋的這個另我看重激烈的競爭和榮譽的勝利，就像一個真正的冠軍運動員。

回到敵人的各種阻力，如果你不清楚需要誰或什麼出現在你的賽場上，最後你可能會把一個受困自我帶場上，而它對你一點幫助也沒有。

在之前的章節中，我們在模型的賽場層和行動層中，使用了進步的五座橋中的兩個。現在，我們要將這個框架應用到信念層和核心驅動力層，找出任何阻礙和影響你結果的阻力。

你想要做什麼？

◆ 停止相信／停止思考／停止評價／停止投射／停止評判／停止背負某些群體故事的壓力

◆減少感覺／減少思考／減少擔心／減少懷疑

如果你想到任何一般或隱藏的阻力，就可以用「停止」或「減少」框架來對付這些阻力。

在前面的幾個章節裡，我們從你所有的「想法、感覺、行為和體驗」中，辨識出你想要「停止、減少」的東西，這個舉動是為了幫助你深入核心，弄清楚敵人在玩弄什麼手段，把目前的你困在平凡世界裡。如果沒有這種清晰的概念，你會很難建立一個強大的另我，因為你無法完全理解它背後的「願景」和「原因」。而這也是為什麼單純的假裝自己是別人，對很多人來說是沒有效的方法。

「假裝」這件事總是帶著錯誤的意念。然而，對於你在非凡世界裡想要的東西，若能以自己的深層渴望產生出清晰的願景，便能啟動英雄自我，你覺得它真實的代表了你是誰，以及你有能力實現或創造什麼。

相反的，受困自我之所以被困住，是因為當你看到目前得到的結果和出現的人時，你感覺那不是真實的你。榮格稱之為陰影，我們稱之為敵人。正如前面的例子所說，它可以簡單到只是在錯誤的時間運用了錯誤的特質，就像牛仔拿著刀要去參加槍戰。

在不同的賽場中，這個版本的你或許是能創造最佳結果的版本，就像瑞秋和她那重視公平的美好特質。的確，這讓人有一點錯亂，但它也讓我們能夠透過不同賽場的角度來思考生活。

成為自己的教練

身為一名提升表現和心理遊戲的教練，我的工作是為來找我的運動員和領導人舉起一面鏡子。我的職責是讓他們看到自己的行為，並理解在聚光燈時刻中他們會這樣表現，其背後的驅動力是什麼。

你剛剛做的是仔細觀察敵人的每一種阻力，這樣你就能自己舉起鏡子。對某些人來說，可能會感覺有些不自在。每當我感覺不自在的時候，我就會提醒自己，這就像在看比賽錄影一樣。運動員藉由觀看練習和比賽的影片，來剖析自己的狀態，並找出需要改進的地方加以練習，以確保他們能拿出最佳表現。

這就是你現在在做的事。你觀看比賽錄影、收集資訊，並更深入探索為什麼你目前會以這種狀態出現。

你可能會想要回頭再把這些阻力看一遍，帶著好奇心，以一種探索的態度，心想著，嗯，這很有意思。允許自己為挖掘到的東西感到驚訝。這些建議包括使用我們所有人固有的內在動機，以更好的心態來看待你的世界。

有時候，你可能會發現不只一種阻力，看著列表時想著：「對，我有這個，還有那個，噢，絕對也有那個。」你可能會發現自己只對一種阻力有共鳴，甚至什麼都沒有。如果你覺得：「陶德，我不知道我的想法、情緒和行為來自哪裡。」那也沒關係。有時候，你身邊並沒有什麼一般或隱藏的阻力。不要花太多時間在黑暗洞穴裡翻找，如果那邊沒有，就是沒有。

做你自己的教練，你會做得很好的。永遠不要忘記：另我效應是你天生就知道怎麼做的事情。如果我問你，蝙蝠俠會怎麼做？艾倫．狄珍妮呢？或詹姆士．龐德呢？你自然就知道如何運用這個想法。也許不會完美無缺，但你可以試試這些另我，並開始表現得略有不同。透過這本書，我只是在給你更多的深度和火力，把它變成一種極其強大的改變力量。

所以，如果你準備好了，讓我們給敵人貼上最後一張標籤。

Chapter 7

將敵人從陰影中拖出來

二〇〇九年，維萊麗亞・庫茲涅佐娃（Valeria Kuznetsova）還是網球界一顆年輕的新起之星。她在烏克蘭基輔外一個鄉村小鎮長大，這個小村莊和其他大部分的烏克蘭鄉村小鎮差不多，只有一個顯著的差異，這深深影響了維萊麗亞：村莊裡都是男孩子。

而且他們冷酷無情。

她的哥哥德米崔，會試著保護她不受嘲笑，但他自己有時也是其中一員——他們取笑她是個女孩，取笑她身材瘦弱，反正什麼事情都能笑她。最糟糕的是，他們不讓她玩他們的遊戲。不能踢足球，因為她還小；不能打籃球，因為她太弱；不能玩橄欖球，因為她是個女孩。

維萊麗亞不因此氣餒，她總是想盡辦法、卯足全力進入賽場。但只要她犯了一個錯誤，他們就會把她趕出球場。

有一天，她又一次被踢出比賽後，她哭著跑回家，對爸爸喊道：「那些男生又欺負我了！」他站起來，走向衣櫃，拿出一個網球拍和一顆球，遞給她說：「到後面去，用這個球打車庫一百次。」

她很生氣爸爸不去幫她罵那些男孩，於是從他手裡搶過球和球拍，跺著腳走到屋外，開始對著牆壁狠很打球，嘴裡嘟囔著她有多討厭弗拉德、謝爾蓋、亞歷山大、薩沙——尤其是伊戈爾，這群人中最可惡的一個。

十二年後，她已成為世界上最有前途的網球選手之一。她利用這種憤怒和羞辱，讓自己在網球界中飛速前進，並成為這項運動的菁英。但是她有一個問題。

當我接到她教練的電話，請我去紐約皇后區的法拉盛草原公園時，他的聲音裡帶著恐慌。他知道她是一個天賦異稟的選手，但每當她開始出現一些非受迫性失誤（又叫主動失誤，指與對手無關的失誤）時，她就會深陷在內心痛苦中。

我到的時候，維萊麗亞正在為比賽做準備，對手是一個排名比她低很多的選手。比賽一開始，維萊麗亞就以壓倒性的優勢領先對手，但隨後——就像體育界常說的那樣——情勢開始逆轉。從她開始出現小失誤的那一刻起，你就能看到她在踱步，口中喃喃嘀咕著。錯誤累積越多，她的情緒就越浮躁。

最後，她還是努力贏得了比賽。比賽結束後，我們在她住的飯店見面「聊聊」，看看我們是否能一起工作。

我問她，當她在球場底線踱步時，她在對自己說什麼。

她的第一個反應是很驚訝，然後露出尷尬表情：「你有看到？你可以看出我在自言自語嗎？」

我笑著說：「當然啊，但不要認為這是一件壞事。每個人都會對自己說話。問題在於，這些話對我們發揮實力和進步這件事上有多少建設性。」

很多人研究過自言自語的力量，事實上，它能改善你的表現。有一篇一九九四年發表在《青春期》（*Adolescence*）雜誌上的研究，標題為〈青少年的私密語言〉（*Private Speech in Adolescents*），研究顯示，陳述你正在進行的過程，可以改善你的表現。然而，這個等式還有另外一面。

如果自言自語的內容沒有那麼正面時，會發生什麼事呢？

維萊麗亞繼續告訴我，她會說類似這樣的話：

「投入比賽。」

「動動腦好不好。」

「不要逼我。」

「不要做那種蠢事。」

「不要又來了。」

或是問自己這樣的問題：

「妳在幹嘛！」

「妳為什麼要讓她重回賽場？」

「妳為什麼就不能冷靜點？」

也許你能感同身受。

你看，維萊麗亞陷入了一個陷阱，她的腦中出現了一種「自我霸凌循環」，我稱之為「旋轉木馬效應」。這樣的對話毫無意義，只會讓你陷入越來越自我挫敗的喋喋不休之中。

然而，因為大腦喜歡創造故事，並讓我們成為其中的英雄，所以解決方法就是，當這些負面自我對話開始冒出時，給自己一個可以對話的敵人。

將內在的消極旋轉木馬，轉變成有建設性的對話，讓我們得以把敵人推開。

當我向維萊麗亞解釋這個細微差別時，她立刻放鬆下來，仰起頭，咬著牙說：「伊戈爾。」然後她向我訴說她的背景故事，關於她在哪裡長大，鎮上的男孩們，以及他們對她的口頭攻擊。當然還有她站在她家旁邊，把網球往牆上砸，嘴裡低聲念著那些欺負她的人的名字。

伊戈爾成了她貼在「阻力」上的標籤，敵人會用它來困住她，讓她生氣或沮喪，將她拉進平凡世界。我們沒有在她已經很強烈的個性上添加更多情緒，而是藉由「伊戈爾」把那些消極的自我對話，縮小成一個討人厭的八歲小惡霸，並把他推到一邊去。

維萊麗亞的憤怒和激情讓她得以成為職業選手，但也在阻止她贏得冠軍。她快要精疲力竭了，所以我們扭轉了正在影響她表現的隱藏阻力（童年往事），並縮小其規模來處理它。

為這個敵人命名，能將我們內心平凡與非凡的兩個世界區分開來。它讓你的英雄自我可以回擊試圖困住你的敵人。

看不見的怪物

回想一下你看過最恐怖的電影，殺手或怪物會立刻現身嗎？應該不會吧。因為當某樣東西潛伏在陰影裡，你看不見、摸不到、無法掌握時，它就會變得更可怕。這就是「未知」。當事情是未知時，你很難處理，因為你的想像力太豐富，會把它構建得比實際還大，眾所周知的「床底下的怪物」。

以電影《大白鯊》為例，一開始，導演史蒂芬·史匹柏想讓這隻巨大的機械鯊魚在電影中扮演更吃重的角色。但是它壞了，所以他和他的團隊不得不使用其他技巧來製造懸疑感。還記得電影配樂嗎？一個深沉的節拍開始凝聚……你知道某樣東西來了，來自海底深處，但你不知道它會在何時何處襲擊誰。

沒有人看見鯊魚。你只看到一個女孩在戲水，然後突然被拖到水底。這才是恐怖！看不到的敵人，史匹柏知道他會誘發觀眾的想像力奔騰。

想像力是非常強大的工具，我們會刻意利用它來建立你的另我。但就像所有的工具一樣，它能帶來正面的結果，也能帶來負面的結果。有時候，如果想像力沒有被充分駕馭控制，就會瘋狂填補並創造出一個更可怕的故事。「這東西有多大？我不知道，但一定非常大！」

某樣東西越是躲在陰影中、黑暗中，看不見又碰不到，它就會變得越是可怕。

在這最後一節，我們要把光照向敵人和它的力量。現在我要你把它從陰影中拖出來，並給它取個名字。

——沒錯，我要你為你的敵人命名。

一旦你給了某樣東西一個名字，就等於給了它一個身份，你給了它一個形式、形狀、結構。當我們賦予「它」形狀時，也就是給我們的另我可以擊敗的對象，可以克服的對象，可以對抗的對象。

我來告訴你這是什麼意思。當我說出小丑（Joker）、達斯・維達（Darth Vader），甚至海珊（Saddam Hussein）的名字時，你看到了什麼？我敢說，你腦海中立即浮現了一個畫面，就像呼吸一樣自然，而且在這個畫面或想法以外，你甚至可能會產生某種特定情緒。

這就是給某樣東西取名字的力量。給它一個名字，給它一個形式，你就可以和敵人對話，把它趕出你的賽場，然後一腳把它踢到邊線上（我將在本書稍後告訴你怎麼做）。

你可以選擇任何名字。

這主要取決於你的個性以及什麼字對你有意義。你可以把它弄成很傻、很嚇人，或是會點燃你怒火的東西，甚至是以前覺得很可怕但現在不會再害怕的東西，就像維萊麗亞使用伊戈爾那樣。或乾脆給它取個再普通不過的名字，比如麥克、莎拉、傑西、東尼或漢斯之類的。

在運用會引起憤怒和狂怒的敵人時，要特別小心。這些對運動員來說可能是集中注意力的絕佳方法，我曾讓奧運選手和職業運動員在比賽時切換到憤怒情緒，然後獲得了非常完美的場上表現。許多心理勵志書籍鼓吹保持平靜安寧才能表現傑出，而我會告訴客戶，憤怒可以啟動最佳表現。然而，要確保它適用於你的賽場。

重點是：讓它成為你會想要直接面對並征服的東西。

這是什麼意思呢？羞辱它。讓敵人越小越好，讓它變成很可愛的東西，當你看著它時，會說：「噢，你怎麼那麼可愛。」你要消除它對你造成的所有恐懼，讓它成為你見過最不具威脅性的東西。把它變成小狗，叫它史酷比，叫它毛毛或皮皮。只有想著達斯．維達是一個穿著不舒服戲服的光頭演員時，你才可以叫它達斯．維達。

如果你是一個喜歡衝突的人，一個需要生活中的挑戰來考驗勇氣、帶出毅力的人，那麼就採取相反的方式，讓敵人變得凶猛、嚇人、有壓迫感。選擇小時候欺負你的惡霸的名字，或你很討厭的主管的名字。選擇一個曾經試圖阻礙你，或說你永遠不會有成就的家庭成員。我有位客戶甚至選擇了雙親中的一位做為敵人。

真的，怎麼樣都可以。

不管你是要讓敵人變得有趣、愚蠢、無害、嚇人、恐怖，還是具有挑戰性，都要給它取個名字，這樣你的想像力比較容易賦予它形式和實質。你也可以從某本書、電視節目、電影或漫畫中挑選一個人物，在劇情中，這是引起許多麻煩的反派人物，內容盡量越詳細越好，這樣你就能更容易想像出敵人的樣子。你的敵人越栩栩如生，你的另我就越能輕易把它從聚光燈時刻中趕走。

如果你決定選擇動物，你可以簡單用「狼」，或是給這隻狼取個名字，比如「克里斯托瓦爾」。差別只有在說：「嘿，狼！閃到一邊去，因為你不會想跟我打的！」或是：「嘿，克里斯托瓦爾！現在是我的時代，我不再受你掌控了，滾吧！」

如果你被名字卡住了……

如果你現在不知道該給敵人取什麼名字，先等等。

我有些客戶必須要建立他們的另我，然後選擇與這個另我為敵的人或物。也有些人會選某樣東西，然後以他們清楚知道另我可以輕易擊敗的人為它命名。

所以，如果你現在沒有靈感，就先等等，之後再回來。先建立另我的起源故事，然後再填入敵人的名字。

記住，沒有所謂完美的順序。當敵人很清晰的時候，你才替它取名字。

Chapter

8

說故事的力量

我在滿屋子戴著軍綠色貝雷帽的陸軍和遊騎兵面前做完報告後，走下兩英呎高的講臺向幾個人問好，他們來找我問問題。我和幾個士兵談論超級英雄和漫畫書中的壞人之後，一位上校拍拍我的肩膀，問我是否可以和他私下談談。「當然。」我們一起走出北卡羅來納州布拉格堡軍事基地的禮堂，這是世界上最大的軍事設施。

布拉格堡是美國陸軍特種作戰司令部所在地，該司令部負責訓練、裝備和部署特種部隊，到世界各地執行各種任務。從上校眼周的紋路判斷，我面對的是一位堅毅的專業人士，他瞇著眼睛看雙筒望遠鏡或槍的瞄準鏡時間很長，遇過的故事可以講上好幾天。

他一開始說：「首先，我想感謝你過來，並跟我們共度這段時光，我們很感激。」

和軍人說話，我一直很欣賞的一點是，不管他們是菁英海豹突擊隊還是剛入伍的新人，每個人對我這樣的平民都非常親切，而且他們總是用集體的代名詞「我們」來自稱。

我說：「能來這裡分享，希望能有所幫助，這是我的榮幸。」

「你剛在裡面說了一些有趣的事情，我想和你討論一下。」

「好的。」

「你提到了我們都穿著制服的意義。不同的制服有不同的含義，如果我們不留心，這些含義既可能幫助我們，也可能傷害我們。那一刻，我意識到了一些事情：這套制服並沒有在幫助我。」

「這是什麼意思呢？」我問。

「當我穿上這套制服時，它對我來說是有意義的。我喜歡將國旗穿在袖子上，我喜歡服務，我喜歡訓練這些軍人。這意味著我必須強硬，挑戰他人，堅強不屈。我們總是在談榮譽、準則和指揮系統。但我剛剛意識到，這傷害了我的孩子。

「每天我回到家，孩子們想和我待在一起時，我馬上就開始拷問他們關於家庭作業和家務瑣事的問題。即使我換下了制服，我還是那個我。所以在剛剛那二十分鐘裡，我絞盡腦汁，想弄清楚如何應用你所說的內容。」

「上校，自從這個國家建立以來，對於穿軍裝的意義，軍隊一直在創造歷史、故事和信條。基地裡是否到處都有手冊，告訴我們加入美國陸軍代表著什麼意義？」

「有的。」

「嗯，關於制服，你的故事和你周遭大多數人對自己說的故事很相似，只是一些細節的差異而已，它會透過不斷重複和一個支持它的環境而得到強化。但和孩子相處時，你會去哪裡取得你的『爸爸』制服呢？記載關於父愛的歷史、故事和信條的這本『手冊』在哪裡？

「當你回到家換下制服，穿上牛仔褲和高爾夫球衫，對你有什麼『意義』嗎？你有想過嗎？」

只要你留意，你會發現自己天生就是個講故事的動物。每天，你都在腦中跟自己講故事，裡面充滿了關於生活的、豐富多彩的敘述。你也在聽其他人訴說的個人故事，從社群媒體到電視、印刷品，你一直在吸取一個接一個的故事。在《大腦抗拒不了的情節》（*Wired for Story*）一書中，麗莎．克隆（Lisa Cron）剖析了最新的腦科學知識，教作家們如何講故事，能吸引讀者不斷的讀下去。正如克隆所解釋的：「我們透過故事思考，這是大腦根深柢固的功能，這就是我們理解周遭世界的策略，否則這世界將令人難以招架。」[1]

現在，不管你自己是否意識到，你正在活出一個強大的故事。有些時候，它是你一直在編造的故事，告訴自己為什麼你能／不能、做／不做，或應該／不應該以某種特定的方式，出現在你生活的各領域中。而其他時候，你所生活的世界充斥著強而有力的敘述，就像上校一樣。它們通常是我們從核心驅動層中無意識採納的觀念，這些核心驅動層可能是家庭、宗教、國家、性別、種族或你所屬的群體。有時候，我們會成為某個故事的奴隸，甚至沒有意識到自己已經接納了這個故事。

看到下列這些詞彙時，你會想到什麼？

害羞	投資	女店員	烹飪
打架	飛翔	關鍵球員	大排長龍
八卦	贏家	科學家	

當你看到「害羞」這個詞時，你是否會自動想到《牛津線上詞典》中，它的字面意義：「與

他人相處時緊張或膽怯」？

還是你會想到某個你認識的害羞的人，又或是根據害羞這個詞，想到一個完全不同的意思或故事？

其他的詞彙呢？

每個人對不同的詞彙都有不同的反應，可能是正面的、負面的，或是沒什麼感覺的。我曾經和一位創業家交談過，她告訴我：「我真的很想擴大我的人際網絡，但我會避免與人互動和社交場合，因為我很害羞內向。」

她告訴自己的故事是：「只有活潑外向的人才擅長與人互動，害羞內向的人就做不到」。問題是，我認識一大堆害羞、內向，卻很擅長經營人際網絡的人。沒錯，一部分的她是害羞內向的，但害羞內向並不是負面特質，除非你自己把它們看成負面的。她在商業界屢屢挫敗，是因為她表現得沒有自信。想要成功，她必須停止羞於銷售自己的產品和服務。

她必須停止跟自己講這個故事：「我很害羞、很內向，所以我不能好好經營人脈。」

這也是另我效應的好處之一：她不用走上「努力改變自我」的漫長道路，而是可以直接進入一個不害羞的另我。另我效應可以繞過阻礙人們實現目標的一般阻力，更有意識的選擇誰要出現在這裡。

我們告訴自己的這些故事和話語非常重要，因為無意識的想法和情緒會驅使我們採取行動。我們經常是被自己的直覺驅使，而不是想法。行銷人員和廣告商都很了解誘發情緒的重要性，進而讓我們購買產品或服務，來滿足自己的欲望。

這些情緒大師都知道，想讓消費者買他們的東西，最快的方法就是講一個動人的故事。賽斯·高汀（Seth Godin）是行銷領域的大師之一，他說：「所有成功的行銷人員都會講故事的原因，是因為消費者。消費者習慣跟自己說故事，也習慣對彼此說故事，因此，從講故事給我們聽的人那裡買東西，是再自然不過的事。」[2]

高汀在他的書《行銷人是大騙子》（*All Marketers Are Liars*）中討論了「人就是騙子」這個觀點[3]。他寫道：「我們告訴自己一些不可能是真實的故事，但**相信**這些故事，讓我們能夠繼續前進。」[4]

要誘發強烈的情緒，大概沒有比講述或聆聽一個引人入勝的故事更快的方法了。我們會感覺故事，而當我們有感覺時，無論是恐懼、焦慮、喜悅，還是幸福，這些情緒都會促使我們採取行動。當我們對自己說可怕的負面故事，再加上敵人的隱藏阻力時，那些故事就會變成自我實現的預言。

想像一下，在與潛在客戶的重要會面前五分鐘，一個劇本開始在心裡播放。劇本是這樣的：「我永遠沒辦法接下這個潛在客戶，他比我成功多了。我沒有什麼值得賣的東西，他們比我強多了。我真是個冒牌貨，他們等一下就會發現，我沒資格跟他們一起待在這房間裡。」

如果你告訴自己的是這樣的故事，你將很難輕鬆自信的走進房間裡，內心相信自己有個絕佳的機會可以提供給對方，而他們能和你這樣的夥伴共事是他們的幸運。這是自相矛盾的事，你不太可能先跟自己講了一個令人氣餒的故事，然後還能走出去讓大家驚豔。

吉米就是這樣的例子，他是一家大型全國性保險公司的銷售代表。他在一次研討會後來找我，因為他總是達不到季度業績，感到非常沮喪。他老闆對他很嚴厲，吉米擔心如果他不能把業績數字衝上去，就會被解雇。他是有三個孩子的年輕爸爸，背負著貸款，身上的壓力可想而知。

我們深入討論後，我發現他討厭打推銷電話。當你的工作是銷售時，這點就相當棘手了。

「你為什麼討厭打推銷電話？」我問。

吉米聳聳肩，說：「打這種電話讓我很不自在，我不知道該說什麼，人們似乎總是忙到沒有時間說話。反正就是很難。」

「好吧，那麼，當你想到銷售人員時，你的腦海中會出現什麼形象？」我問。

他很快回答：「讓人討厭或打擾別人的人。」

「有意思。他們是哪裡『讓人討厭或打擾別人』呢？」

「大家都知道你是要來拿走他們的錢。」

「所以，當你想到銷售人員時，你會覺得他們都是為了自己才賣東西嗎？」

「對。」

吉米並不知道，但他正在演出一個非常有影響力的故事。這個故事來自人們對銷售人員那種根深柢固的看法，內容是：「銷售人員是不誠實的，他們根本不關心人，就只會說得天花亂墜，這樣才能把東西賣出去。」難怪他會討厭打推銷電話，總是達不到季度業績。每次他拿起電話，那個受困自我就會出現：討厭的銷售人員。這是我在第六章中提到的一般阻力之一，「態度不佳」。

他那帶著最佳特質的英雄自我是不可能出現的。他可以試著改變自己的行為和行動，試著告訴自己銷售人員是很出色的（他們確實很傑出！），但這些可能都不會奏效。當他把受困自我帶到賽場中，斷然認為銷售人員不值得信任時，以上那些方法都不會有效。

吉米在打電話時沒有表現出自信、正直和熱情。每次他拿起電話，他腦子裡的小卡帶就開始播放：「嘿，吉米，你憑什麼認為這些人想跟你說話？你只是想騙他們的錢吧？你騙不了任何人的，他們能看穿你。快點，他們有更重要的事情要忙，趕快結束電話，現在！」

想像一下，如果吉米拿起電話時，腦中播放的故事是這樣的：「我迫不及待想和鮑勃談談了，看看我是否有什麼方法，可以讓他的生活更輕鬆、更好，或更愉快。」這樣一來，他的電話會有多成功。

如果這是吉米相信的故事，我保證他會以不同的樣貌出現，對自己更有信心，順利完成更多銷售。他一定也會玩得更開心。

如果你正皺著眉頭，搖著頭，或不斷思索到底是什麼故事影響了你的結果，別擔心。通常，敵人、阻力和我們正在上演的故事，都可能是困住我們那張大網的一部分。

我把這三條線索分開，並不是為了讓你把自己纏繞得更緊，感到沮喪或不知所措。我帶你走過這些領域，是為了幫助你，看是否能找到一些想法，進而恍然大悟，可能是什麼困住你或製造不必要的掙扎？

更好的故事在等著你

艾咪在公司做專案管理和策略規劃工作多年，她一直在追尋自己創業的夢想，但就像許多新創者一樣，她發現自己的事業舉步維艱。我聯絡上艾咪的時候，她已經從事她的新事業一年半了，正在與一種常見的痛苦鬥爭：她有很多只做一半的事情，她發起許多專案，但都沒能把它們完成。

「我告訴自己，我是個『百分之百的發起者，但什麼也沒完成』。我從來沒完成過任何事情，難怪我都得不到成果。」艾咪告訴我：「這個故事我對自己講了三十八年，它造成我非常大的痛苦。因為錯失良機而痛苦，因為嚴重的自我懷疑、自我評判和自我批評而痛苦。」

當我向現在已經是創業家的艾咪介紹另我這個概念時，她馬上就明白了。「我現在處在一個開放的環境中，可以聽到關於我自己的新事物，以及我看待自己的方式，所以我會注意到我對自己說的所有話、我對自己講的故事。我目前的故事是：『我就是虎頭蛇尾的人，無論是我的健康狀況、人際關係，還是跟業務有關的事。』」

艾咪演出了這麼久的故事是，她「生活中的一切都是虎頭蛇尾」。她的另我故事則是完全相反，另我的故事是「我無論做什麼事情都會有始有終」。

艾咪說：「我從沒想過我可以不一樣，我可以選擇要做不一樣的事，而這些是我可以做到的。我完全不知道！我認為「我虎頭蛇尾」這個故事是我這個人的基本組成，而且永遠無法擺脫它。這些年來我都是這樣過的！然後，突然之間，我不必被這個故事定義了。我可以寫一個新的故事，我可以改變。」

艾咪和前面幾個人的故事告訴我們，當你使用來自核心自我的創造性力量，有意識的決定誰將出現時，你「一直以來」的事物和行為會立即改變。正如我在第五章提過的，在你的賽場上和聚光燈時刻中，你一直都具備這些特徵，但我們大多數人都沒有意識到這一點。大多數人都沒有意識到，我們可以在不同的聚光燈時刻，選擇放大不同的特徵；大多數人都沒有意識到，我們告訴自己的是一個痛苦的故事，卻還相信它是福音，但事實上，我們可以讓它安靜下來，然後創造並活出一個新的故事。

在前面幾章中，我們探討了平凡世界、敵人、一般和隱藏阻力、個人敘述，對你如何或是否以英雄自我出現，會產生強大的影響。

告訴我，你願意來點有趣的嗎？你願意運用想像的力量，去觸碰人類與自然連結的部分嗎？

你是否願意暫時放下過去的自己和表現，讓另一個版本的自己取而代之？

當我剛開始與我的導師哈維．多夫曼（Harvey Dorfman）共事時，他對他人意見不以為意的態度，讓我感到相當驚奇。他是這個星球上最傑出的心理遊戲教練之一，不擔心別人的批判是很合理的，但我仍然覺得驚訝，主要是因為那正是阻礙我採取行動的東西。現在，被別人認可的需要早已不復存在了，而且我太太仍然很驚訝我曾經為這種事掙扎過。

我二十出頭的時候，跟現在非常不一樣。我太過在意別人的意見，以至於我把自己放在所有人的後面，別人的需要和欲望都比我的還重要。我太在乎別人對我的看法以及他們是否喜歡我，這阻礙了我的發展。

唯一能讓我停止踐踏自己且感興趣的地方，就是運動場上。我的另我理查的身份和行為，那些果斷和自信，都是從運動場上借來的。我的客戶告訴我，他們希望自己可以不再在意和擔心別人對自己的看法。

他們常說：「如果我能像你一樣，進入那樣的身份……」

他們當然可以，你也可以。

在某個時刻，哪怕只有幾分鐘，任何人都可以在賽場上，在那聚光燈時刻暫時放下他們背負多年的故事。任何人都可以克服阻礙他們前進的隱藏阻力，或改變他們一直演出的故事。

你只需要願意放下你的懷疑。

我問上校關於他的爸爸制服（高爾夫球衫和牛仔褲），以及它對他是否有任何意義時，他糾結於這套衣服似乎沒有任何意義。但正如我向他保證的那樣，我也想向你保證，有一個你已經在使用的自然轉換過程，可以把平凡的東西變成非凡的東西。

Chapter

9

選擇你的非凡世界

二十一年前，我遇到了一個男人，他正在做我想做的事情。對於在牧場長大的我來說，四健會（4-H Club）是農夫生活中很自然的一部分。四健會就像農業界的童子軍，你選擇你想加入的「俱樂部」，養牛、養馬、縫紉……等等，然後接下來的一年時間，你就做這件事情。我在養牛俱樂部裡，從十歲開始，我就會和爸爸一起去牧場，挑一頭小公牛，在接下來八個月裡照顧它，早起餵牠，放學之後，也直接去穀倉再餵牠一次。週末時，我也會花一些時間訓練牠，套上籠頭牽著牠走。這些努力的重點是，決賽時會展示我們這區所有牛隻俱樂部的牛。

順帶一提，4-H 代表「健全的頭、健全的心臟、健全的雙手和健全的身體」（Head, Heart, Hands, and Health），意思是培養年輕人的品德、性格、責任感和領導力。我通常替我的牛取名布魯圖、巴尼或巴畝，因為我覺得B開頭的名字很適合拿來做為小公牛的名字。除了照顧小牛之外。我們還必須參與俱樂部的管理體制，我們會選出主席、副主席、財務主管和祕書，目的是教導治理和學習如何專業的運行一個組織。在一年一度的比賽中，我們還必須準備一個感興趣的主題，上臺發表演講。

這是你可能會畏縮的部分，站在你的同伴、父母、裁判和坐滿整個房間大約六十到兩百人的面前，這足以讓大多數人望而卻步。的確，對其他所有人來說都是如此——除了我以外，我很喜歡。我喜歡寫演講稿的過程，也喜歡有機會發表演講的感覺。我十歲的時候贏得了比賽，當時跟我競爭的都是大我很多的孩子。有趣的是，當時我的演講題目是關於奧運比賽，後來我追求的職業也與這個有關。

不過，這不是一個關於我有多了不起的故事，因為這件事從很多方面來看，都是對我有利的。我的父母經常要報告或演講，而我是一個外向的孩子，喜歡受人矚目，所以對我來說，站在舞臺上並不是什麼大事。然而，讓我們回到本章開頭提到的那個人。

當時我和叔叔去加拿大洛磯山脈參加一個活動，他要去領獎。我坐在主桌的一位男士旁邊，他問了當時二十一歲的我，一些以前從來沒人問過的問題，讓他顯得與眾不同。

「那麼，你覺得有沒有什麼正在召喚你去做的行動？」

「什麼是你希望在三十歲以前取得，且令自己驕傲的成就？」

「在接下來的兩週內，你所能採取的，幫助你朝著這個目標前進的最大行動是什麼？」

這讓人耳目一新。有一位年長的紳士對我如此感興趣，並讓我以不同的方式思考，是一種全新的體驗。他看上去有智慧、文質彬彬，而且是真心感興趣。我告訴他我小時候的演講，以及我想找到一種方法，可以將演講做為職業，也談到自己開公司與周遊世界的夢想，因為當時的我沒見過多少世面。

我們持續交談，直到活動單位開始介紹當晚的主講人，談話才中斷。突然之間，和我說話的那位男士從座位上站起來，走到講臺上。我覺得自己像個白癡，我剛剛告訴這個人我想以演講為生，結果他居然是今晚真正的講者。在接下來的五十三分鐘裡，我坐在原地一動也不動，他實在太厲害了。

他說了這類的話：

「無論我們創造了什麼美好事物，最終都形塑了我們。」

「你又不是樹。如果你不喜歡現狀，那就改變！」

「所有人都必須經歷這兩種痛苦中的一種：維持紀律的痛苦或後悔的痛苦。」吉姆．羅恩（Jim Rohn）是我聽過最有說服力的語言大師。《富比士》雜誌甚至將他列為二十世紀最重要的商業哲學家之一。

在大家起立鼓掌之後，他回到座位上，我趕忙收拾驚愕的情緒，為不知道他是誰而道歉。他回了一句：「我接受你的道歉。」並眨了眨眼睛。

那晚之後，我們一直保持聯絡，無論他喜不喜歡，他成了我的第一個導師。但在認識吉姆十八個月後，有一天下午我們通電話，我告訴他我在努力發展運動訓練事業時遇到的困難。他當時的回覆，我以前聽他以不同的方式說過，但這次的表述方式非常不同。

他說：「陶德，如果你不願意冒不尋常的風險，那你就只能甘於平凡。」

打破平凡，進入心流

我先前提過非凡世界，以及當你逃離那些將你拉入平凡世界的力量時，在等待著你的是什麼。但這個非凡世界並不充斥著甜蜜美好的和小精靈和獨角獸，而是充滿了挑戰、障礙和需要戰勝的惡龍。非凡世界既是旅程，也是回報。

「我們很多人在選擇我們的道路時，都是出於偽裝成現實的恐懼。我們真正想要的似乎遙不可及、荒謬可笑，所以我們從來不敢向宇宙提出要求。」喜劇演員金．凱瑞（Jim Carrey）在二〇一四年瑪赫西管理大學的畢業典禮上說過[1]。

而我認為，與其向宇宙要求，不如建立一個能去追求你想要之物的另我。「我從父親那裡學到了很多教訓，其中最重要的一個是：**就算是做你不想做的事情也可能會失敗，所以不如把握機會做你喜歡做的事情**。」金．凱瑞在他的演講中補充說[2]。

與平凡世界相比，非凡世界充滿了更多意義、更多意圖和更多的可能性。在與體育、商業、演藝界的菁英們一起工作超過二十年後，我了解到，每一個人都在與把他們拖進平凡世界的敵人爭鬥。每個人都有藉口、理由或個人經歷，他們本可以輕易的用這些來逃避他們選擇追求的挑戰。但他們沒有，當中許多人藉由另我來實現目標。

就連巨星卡萊．葛倫（Cary Grant）也曾經說過：「我假裝自己是我想成為的那個人，一直到我終於成為那個人，或是他成為了我。」

不管你喜不喜歡，這些挑戰、力量、障礙和需要被消滅的惡龍，無論大小，都已經在那裡了。而比起替我的客戶打氣或激勵他們，我選擇使用另我。就像網球巨星納達爾（Rafael Nadal）、碧昂絲、大衛・鮑伊、博・傑克遜，以及其他成千上萬的人那樣獲得驚人的成就。如果你認為，你的行為不同於你對自己說的「**你是誰**」的故事，就會帶來許多傷害和擔憂，那麼你也可以用另我來保護你的核心自我。

NFL（國家美式足球聯盟）跑衛傑・阿雅伊（Jay Ajayi）以在場上冷靜沉著著稱，他這樣解釋他的另我「傑火車」（Jay Train）：「我會連結一些知名球員，我覺得這只是關於你如何讓自己進入一種狀態，在其中一切都是本能，你就只是站出去玩這個遊戲。對我來說，這就是『傑火車』。」[3]

追求「心流」或「進入狀態」，一直是我為運動員、演藝人員或專業人士工作的核心焦點。當你到達這個地方，你的表現就會提高，就會改善[4]。這是一個令人陶醉之處，時間似乎靜止不動，各種能力自然而然流經你的身體，你會有一種在觀察自己表現的感覺。非常不可思議。

然而，訓練人們找到那個地方，就像要把繩子穿進針眼一樣，是非常困難的。為什麼呢？因為從根本上來說，大多數人——即使是最優秀的人，也都會受到一般或隱藏阻力的影響，或試著去「控制結果」，而不是信任自己和過程。

另我可以幫助你建立意念，促進信心，創造信任。

著名詩人約翰・彌爾頓（John Milton）曾經寫道：「心靈自有其境，它可以把天堂變成地獄，地獄變成天堂。」

改變人生的力量，是內在。

假設你是我的客戶，參加了最近在韓國舉行的奧運高山滑雪比賽。你站在山頂的起點上等著，站在兩米長的滑雪板上，注視著底下的賽道，看起來就像覆蓋著冰片的垂直懸崖，你等待著信號，準備衝出起點。你的速度將會超過高速公路上奔馳的車輛，唯一能阻止你撞入松樹叢的是那些看起來不甚堅固的橘色塑膠圍欄。

聽起來很危險嗎？確實如此。那你比賽的時候，應該想到這些危險，想像著摔倒、撞上護欄、在冰上滑倒，或是被桿子絆住嗎？當然不要。

如果你是一名滑雪者，你在起點時，懷疑的種子開始在心中發芽，心想著風速、山上的條件，你是否能超越斯洛維尼亞的史維特拉娜（Svetlana）剛剛的成績，那麼你已經被拉回到平凡世界。沒有信任，沒有心流狀態，也沒有個人最佳表現。

這就是伊恩在網球比賽中落後時所遇到的狀況。「我開始輸球，然後我就會想，我要怎麼樣才能扳回一城？如果真的輸了會是什麼感覺？我要怎麼跟我父母說？我要怎麼跟朋友們說？怎麼跟我的隊友說？當你陷入那個心理狀態時，猜猜會發生什麼事？你就輸定了。」伊恩告訴我。

創造力的力量

知名研究人員兼暢銷作家史蒂芬・科特勒（Steven Kotler）解釋了如何運用想像力進入大腦的創造性部分，並切斷敵人喜歡用的負面自我對話和批評。研究顯示，當我們從事創造性工作時，負面的自我對話、懷疑和貶低都會消失[5]。

阿朗托是一名懷抱雄心壯志的創業家，他正是創造力量的絕佳實例。他的夢想是以一個自豪的菲律賓裔美國人身份領導成千上萬的人，而他第一次有機會站上舞臺，就是在七百人面前。但是，阿朗托沒有走上舞臺，站上臺的是他的另我太平洋島原住民「大浪」（Big Wave），這身份是來自電影《海洋奇緣》（*Moana*）巨石強森配音的「毛伊」。「上臺之前我緊張得要死，手足無措、滿頭大汗。我第一次站在觀眾面前，進入『大浪』這角色後，其他一切都自然產生了，我甚至不知道我說的那些話是從哪來的，感覺就像是有人告訴我這麼說，只因為我相信自己可以進入這個領導角色。」

無論你是在哪個領域、為了哪個聚光燈時刻而創造出另我，我都希望你能夠和阿朗托及其他成千上萬的人一樣，在這過程中得到同樣的體驗。你要想像你的另我在賽場上會怎麼行動、思考、舉止、說話、感覺和表現。然後，當你的「電話亭時刻」到來時，你會本能的知道該怎麼做，踢開大門進入狀態、心流或非凡世界的可能性也會隨之提高。

列出想要清單

一般人最難回答的問題是：「我想要什麼？」

我常常看到人們一臉茫然的看著我，好像他們害怕承認自己想要什麼。即使是成功人士，也會對這個問題感到猶豫不決。然而，有成就者通常用來實現目標的一種心態是「目的性思維」，意思是他們清楚知道自己想要的目標是什麼、要去哪裡，或正在創造什麼。

幸運的是，可以抵達目標的路不只一條。

我靠在椅子上，等待相當成功的房地產專業人士麥可回答這個問題：「你想要什麼？」

他一臉痛苦，好像看不見或是不願承認。於是我打斷他的思緒，再問：「你**不想要**什麼？」

他立刻帶著重重的挫折和情緒，說出了一大堆不想要的事情：

「我不想要再擔心被拒絕了。」

「我不想要擔心如果沒有達到業績目標，主管會說什麼。」

「我不想要每天醒來就對這一天感到恐慌不安。」

「我不想要覺得自己是在浪費時間。」

在他停下來喘氣之前，他一口氣說出了十二句「不想要」。

就像麥可一樣，做出一張「不想要」清單是比較容易的，這正是你在揭開賽場模型中所有層面時所做的事。（見圖6）然而，現在是時候做出你的「想要清單」了。所以，如果你開始進行內心探索，去找出這些事物，就能弄清楚你的非凡世界是什麼模樣了。

現在，在你陷入以下這些內心對話之前：

「我是誰啊，哪有資格要求我想要的東西？」

「我不應該比別人想要或擁有更多。」

「我聽起來太自私任性了。」

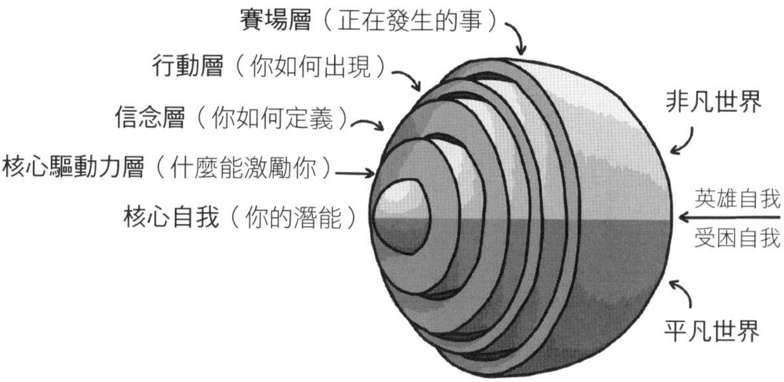

圖 6　賽場模型

我想先說的是：「一定要聽起來很自私任性。」

承認自己想要什麼並不是任性，而是**誠實**。

現在，就像我們在前面的章節中使用五座橋框架一樣，這次要把它們應用到你的非凡世界中，首先從你選擇的賽場中想獲得的理想結果開始，然後一層層往內推，直到你的核心驅動力。

如果你記得的話，這五座橋是「停止、減少、持續、增加、開始」。不過在這個任務中，你將只使用其中的三座橋：持續、增加和開始。你將在賽場模型中改變你的「導向」，並將你的意念轉變為積極的東西，利用「自我擴展」或「哇心態」，將你的動機轉變為你想要得到的東西，而不是失去或避免的東西[6]。

在明確找出你的目標和結果的過程中，我們要從你的「賽場層」開始，你想要以下的什麼：

◆ 繼續體驗／繼續獲得結果／繼續實現
◆ 體驗更多／獲得更多／實現更多
◆ 開始體驗／開始實現／開始得到

為了讓你容易發想，這些結果都要是你能聽到、看到、嚐到、摸到或聞到的實際行為。比如說，也許你想：

◆ 持續聽到對於你創造性工作的正面回饋
◆ 持續看到你的收入增加
◆ 持續看到人們對你的烹飪／繪畫／寫作／設計工作……等的正面反應
◆ 持續嚐到你的廚藝在進步
◆ 繼續聞到你住的地方的香氣

- 繼續摸到你工作所使用的高品質用具
- 多聽到別人談論或分享你的想法
- 在比賽中得更多分
- 獲得更多面試機會
- 獲得更多獎項
- 得到更多推薦
- 得到更多收入
- 打更多銷售電話
- 身為球選手，打出更多等於和低於標準桿的成績
- 參加更多社交活動，與更多人接觸
- 多運動
- 開始新的職業生涯
- 開始看到你的創意作品被公開展示
- 開始擁有更多的房產

◆開始到海外旅行，體驗新的文化
◆開始拿到獎學金資格
◆開始聽到球探在談論你
◆開始讓更多媒體關注你的工作
◆開始看到投資增長
◆開始在一個新的地方生活

我敢說，在你審視這個賽場時，會發現已經有一些正面的東西，是你可以繼續發展的。在你檢查這個層次時，要記住的重點是，一切都是有形的，賽場就是結果存在的地方。接下來，當你進入「行動層」時，你必須思考你的另我將使用哪些行動、行為和技能，來幫忙實現這些結果。

你要問自己的問題是，你想要以下的什麼：

◆開始行動／開始回應／開始表現／開始選擇／開始說／開始思考／開始嘗試
◆多做／多選擇／多表現／多說／多思考／多嘗試

◆繼續做／繼續選擇／繼續思考／繼續表現／繼續說／繼續嘗試

行動層包含你的動作、反應、行為、技能和知識，就是你要帶到賽場上的所有能力。你的態度如何？有什麼行動？表現得如何？你做了什麼選擇？如果你透過「開始、持續」或更多的橋樑來思考這所有的問題，你就會更清楚的知道「新的你」會如何表現。以我來說，我剛開始做這門生意時，我想要「行動更果斷」，因為我被分析搞得動彈不得。

現在，也許你想要：

◆提高銷售成績
◆更常創作
◆表現得更有自信
◆進行更多會面
◆昂首闊步，更有自信
◆多做眼神交流

- 多主動接觸他人
- 開始烹飪
- 開始寫作
- 開始彈吉他
- 開始更好地準備自己
- 開始更有效的規劃你的一星期或一個月
- 開始更常出手
- 多練習
- 多喝水
- 多說「我愛你」
- 多微笑
- 推出更多產品優惠
- 更常與團隊成員會面
- 參加更多研討會

◆投資更多錢

在你看著這個列表時，你會發現這些都是你可以做，並且幫助你實現目標的事情。這些是你在那些聚光燈時刻可以採取的新行動❽。在平凡世界裡，這些是你沒有採取的行動、想法或行為，因而導致你得到你不想要的結果。

通過這一層之後，就要將同樣的框架應用到你的「信念層」，以揭示你將擁有的新情緒、感覺、特質和期望，這些將使得行動更容易執行。隨著你接近並體驗這個賽場時，這些就是你即將擁有的新內在體驗。這些是你的另我要使用的力量，帶著更多的優雅、韌性和信心，來對抗一般和隱藏的阻力。那麼，你是想要以下哪些呢？

◆開始相信／開始期待／開始感覺／開始重視

◆更加相信／更加期待／更加感覺／更加重視

---

❽如果你想要更詳盡的行動清單，請至 AlterEgoEffect.com/resources 獲取更多幫助。

◆繼續相信／繼續期待／繼續感覺／繼續重視

本質上，你是在問自己必須擁有什麼信念，才能讓這些行動變得更輕鬆、快樂或舒適。此外，你需要對自己或你所在的賽場有什麼期望，才能讓這些改變發生？你必須如何評價自己、世界、與你來往的人、你的技能和你的知識，才能讓自己變得更自信／果斷／熱情／平靜／樂觀……等等[9]？

也許你想：

◆開始重視行動而非要求完美
◆開始感覺自己更有能力
◆開始相信自己有能力
◆對自己的進步更有熱情
◆對自己做出改變的能力更加樂觀
◆期待別人對你的想法說「好」

- 期待自己帶著決心，繼續面對各種挑戰
- 從努力中獲得更多滿足
- 對你所遇到的機會心存感激
- 開始期待你的投籃進球
- 感覺自己是一股不可阻擋的力量
- 感覺人們想要聽到你的發言
- 期待你的藝術作品打動別人
- 相信觀眾想要你站上舞臺，並為你的表演感到興奮
- 覺得自己和所有人都一樣重要
- 熱愛失敗，因為你知道自己正在進步，正在採取行動！

關於成功人士，與流行的迷因和名言正好相反，最後一條才是關鍵。成功者之所以成為成功

---

❾ 想要更詳盡的正面情緒列表，請至 AlterEgoEffect.com/extras

者，是因為他們失敗的次數比別人更多。所以為什麼不和失敗經驗建立健康的關係呢？這並不代表你認為自己一定會失敗，而是表示你不會讓失敗定義你，你知道每一次嘗試，你都獲得了更多智慧。

最終，這個過程將幫助你找到一個另我，自然而然的呈現出這些特質，這樣一來，你就能擁有它的力量，為自己創造一個新的實相。

想像非凡世界的樣子

伊恩，我們在前面章節有提過他，他的事業蒸蒸日上，是頂尖的廣告文案和幾家公司的創始人。以大多數標準來看，他都是個成功者。但伊恩一直隱藏著一個目標，他把這個目標埋藏了一輩子，直到最近，他開始進入和使用另我之後，他才準備好並願意承認他想要的——成為一名脫口秀演員。

這就是他想要追求的，這是他的非凡世界。他現在正在籌備，讓自己的公司能在不需他全身心投入的狀況下繼續營運，這樣他就可以追求喜劇事業了。現在，他開始承認、闡明，並採取行動，去追求他終生的志向。

如果他不先向自己承認自己最想要的是什麼，他永遠不會採取這些步驟。

你想成為一個出色的主持人嗎？太好了，去擁有它。你想瀟灑而有魅力的走進活動現場，與人握手致意嗎？太好了，去擁有它。你想在危機時刻成為一個冷靜、果斷、自信的領導者嗎？太好了，去擁有它。

想像一下你在這個非凡世界裡會採取的行動，這些和你的平凡世界有什麼不同？你大膽嗎？你更加體貼嗎？更加專注嗎？你會堅持並完成你發起的所有專案嗎？你是更善於表達、更果斷，還是更積極？是更放鬆、更冷靜、還是更和平？更叛逆了嗎？還是更激進、大膽、冒險？

在你的非凡世界裡，會出現哪些特質呢？

你的想法和感受是什麼？你如何看待自己創造非凡世界的能力？你對自己、對周圍的世界、對和你來往的人會有什麼感覺？你主要的情緒是什麼？記得博．傑克遜吧，他在足球場上的主要情緒是一種深深的確信，他會摧毀任何阻礙他的東西，不管那會是誰，他不在乎。

雖然你不能控制在非凡世界裡的結果，但我仍然希望你去想像它們會是什麼樣子，在你的腦海中描繪出畫面。生活在你的非凡世界裡是什麼感覺？你希望公司裡的人都認為你是個強大的領導者嗎？你想成為能在團隊會議中自信的發言、分享想法的人嗎？你想成為團隊成員會來尋求建議和信心的人，在危機中冷靜果斷的領導團隊嗎？你想在臺上獲得「年度最佳銷售員」的獎盃嗎？你想無意中聽到你的孩子對彼此說「我們的媽媽是最好的媽媽」嗎？

還感覺受困嗎？

如果承認你想要什麼或你的非凡世界看起來是什麼模樣，對你而言仍然很困難，那麼試著這樣問自己：「我的另我會承認它想要什麼，或是期待聽到、看到、感覺到、摸到、聞到什麼？」

雖然你可能還沒有建立起另我，但你可能已經隱約知道這個祕密身份想要什麼。暫時放下你的懷疑，想像你的另我毫無障礙的在表達自己想要什麼，他／她／它輕易且毫不費力的承認自己想要什麼。你的另我認為自己能做什麼，或是創造什麼？

Chapter

10

你為何而戰？

沿著曼哈頓的哈德遜河旁有許多小公園，貫穿整個島嶼。對於一個到處都是水泥、人行道和摩天大樓的島嶼來說，它是逃離城市生活喧鬧的必要場所。每當有運動選手來到鎮上，與該地區十支職業運動隊伍中的任何一支比賽，或者與我合作的商業領導人來紐約開會時，這都是一個很方便的地點，可以面對面交流。我總是帶著客戶沿著哈德遜河散步，會選擇走路是因為以我的經驗，人類在移動時比較容易敞開心扉。此外，新鮮空氣和運動從來沒有壞處。

有一次，一個客戶介紹我給他在ＮＨＬ（國家冰球聯盟）第二年的隊友。多年來，馬特一直是隊上的重要人物，但現在他陷入困境。他在ＮＨＬ球隊從明星球員淪落到平庸的中下層。我們沿著河邊走了大約二十個街區，談論他的未來，然後決定在二十六街碼頭的長椅上休息一下。

我們坐下後，我傾身向前問他：「你知道蝙蝠俠是為了『正義』而戰的嗎？我想知道，你為什麼而戰？」

「這是什麼意思？」他回答。

「過去的二十分鐘裡，我就像要拔獅子的牙齒一樣，一直嘗試讓你說出，你真正想從職業生涯中得到什麼。你剛剛告訴我，你覺得你太受困於自己的腦袋，所以讓夢想溜走了。就我個人而言，這種事會讓我很生氣。一想到我為了來到這裡拚死拚活所做的一切，全被我腦子裡的一團狗屁思緒毀掉，那會讓我很火大。所以我們要想想，你為什麼要開始以不同的方式出現呢？你**為什麼**而戰？蝙蝠俠在目睹父母死於罪犯之手後，開始為正義而戰。我們為之奮鬥的東西可能是正義、榮譽、公平、家庭、社區、宗教、我們的名字，甚至是我們的創意才能。所以，你呢？」

他坐在長椅上，身子往前傾，兩肘擱在因打曲棍球而粗壯的大腿上，盯著河面上的渡船，停頓了好久之後才說：「自尊。」

「為什……」我還沒來得及問完這問題，他又繼續說下去：「為了證明俄亥俄州我出身的那個無名小鎮也有人能夠成功。把史丹利盃帶回我們那破爛的社區冰球場。」

「噗，什麼老掉牙的理由，這我以前也聽過。」我回嘴。

「去你媽的。」他很快回應，而且非常生氣。「你為什麼要說這種話？你不是應該來幫助我，而非貶低我的嗎？」

「馬特，你現在湧上來的那些感覺，是什麼？」

「超不爽。」

「很好，不要忘記它。因為就我所知：每一次你在冰上未能竭盡全力的時候，你都帶著這種情緒。當你沒有發揮出水準時，你就會把這種『不爽』指向自己。我的工作不是做你的好朋友，是要幫助你發揮表現，有時這代表著我要挑戰你。」

在前一章裡，你剛剛承認了自己想要什麼。很好。現在，你是否感到一股強烈的情緒拉向你想要的東西？你是否覺得自己充滿動力要繼續追求，沒有什麼能阻止你，沒有什麼能阻礙你？它有什麼意義？

如果你的答案是否定的，那我們就有麻煩了。

大屠殺倖存者和著名的精神病學家維克多・法蘭可（Viktor Frankl）曾經寫道：「生活從來不是因為環境而變得難以忍受，只是因為缺乏意義和目標。」

漫畫書中的超級英雄、電影和文學作品中的偉大人物，他們似乎都在為比自己更重要的東西而戰。即使是那些出於自私的原因開始做好事的人，最終也會在他們的努力中找到更深的意義。它賦予那些努力、奮鬥和挑戰一種更崇高的目的。

越來越多研究顯示，對「幸福」的執著導致人們感到空虛[1]。在二〇一三年《正向心理學雜誌》發表的一項研究中，羅伊．鮑邁斯特（Roy Baumeister）和他的同事發現，只是為了個人樂趣而從事活動的人，缺乏生命的意義感。另外一份研究，由加州大學洛杉磯分校的史蒂芬．科爾（Steven Cole）和北卡羅來納大學的芭芭拉．弗雷德里克森（Barbara Fredrickson）進行，發現比起那些以自我為中心的人，在生命中找到更深層意義的人，他們的免疫系統更強壯[2]。這顯示如果你想追求某個目標，從你的努力中找到更深層的意義，真的能讓你更有力量。

你必須感覺自己被拉著，就像你站在一條單向的傳送帶上，沒辦法阻止自己被吸引去你的非凡世界裡。如果你缺乏強烈的情緒共鳴，或是對非凡世界漠不關心，那麼……你為什麼要踏上這趟旅程呢？為什麼要為一個你只是大概、好像、或許想體驗一下的世界建立另我呢？

「情緒是設定大腦最高層次目標的機制，一旦被某件事觸發，情緒就會進而觸發一系列次目標，而這些次目標，就是我們所謂的思考和行動。」[3]哈佛大學教授與知名認知科學家史蒂芬．

平克（Steven Pinker）解釋道。

換句話說，情緒驅動我們的行動。對你不感興趣的事情採取行動，是近乎不可能的事。

除了採取行動，你對想要的東西產生的情緒共鳴，對你為什麼要創造這個另我的情緒共鳴，也是你的動機。動機（motivation）這個詞來源是拉丁語 motivus，意思是「推動的原因」。

做為一名心理教練，有一件事是我無法幫忙的，就是動機。我碰不到它，這是少數幾個沒人能教你或幫你創造的東西，所謂的未知因素。我不能讓運動員在凌晨四點起床進行訓練或衝刺；我不能讓一個創業家自己想要創業，或在遇到困難時堅持下去；我不能讓一個人瘋狂想要達成自己的目標，從而驅使他們去克服任何障礙，無論多麼困難或代價多高。

喬納．雷爾（Jonah Lehrer）在他的暢銷書《我們如何決策》（*How We Decide*）中，闡述了理性取決於情緒。能讓人產生驅動力的是感覺，而不是智識。雷爾指出：「情緒（emotion）和動機有同一個拉丁字根 movere，意思是『移動』。這個世界充滿各種事物，是我們的感覺讓我們從中做出選擇。」

你必須在內心找到這種動機，而這種動機通常來自與我們想要的東西有情緒方面的連結，除此之外其他的東西都不重要，這是我們存在的核心目的。我們必須繼續探索，必須進入我們的非凡世界，無論代價、可能性和結果會是如何。

想要是強烈的情緒

如果你去分析漫畫、電影或文學作品中所有偉大英雄的動機，會發現主要有四個核心動機，通常會混合兩種或以上：

- 創傷
- 命運
- 利他主義
- 自我實現

創傷是蝙蝠俠使命的核心所在。看到父母被謀殺後，他致力於打擊犯罪。無論是撥亂反正、「堅守某人的原則」，還是向那些輕視你的人表明你絕不會停止，任何形式的創傷都是一個人使命最常見的來源之一。從很多方面來說，這就是歐普拉（Oprah Winfrey）的動力所在，就連她的名言「你不能歧視最優秀的人」，也流露出她在面對歧視和創傷時的堅韌。

命運驅使著吸血鬼獵人巴菲（Buffy the Vampire Slayer）。她發現自己是「被選中的人」，被賦予了與惡魔戰鬥的超能力。起初她不情願，但最終還是接受了挑戰。多年來，許多與我共事或交談過的有抱負者，都說過這種類似的「被選中」之感。他們解釋，他們那些抱負比較像是被選中而必須去追求的，在這件事上，他們沒有選擇的餘地，他們是「必須想辦法實現這件事的人」。我們很多人都會有這種承擔重大責任的感覺。

利他主義是神力女超人（Wonder Woman）的核心驅動力之一。在這部二〇一七年的電影中，她無私的努力將人類從邪惡手中拯救出來。利他主義可以以行動主義的形式出現，想要幫助或服務那些被遺忘的人，或出自對他們的偉大的愛。從許多方面來看，這就是本章開頭那位年輕曲棍球選手馬特的核心動力。把希望帶給這個在美國被忽視地區的人們，對他而言有著深刻的意義。無數來自單親家庭的年輕運動員都將利他主義視為核心動機，想照顧一個為他們的成功犧牲很多的父親或母親。

有些人純粹只是想找出這些問題的答案：「我想知道我能做／創造／發現什麼？」這些人的

核心動機就是自我實現。他們有強烈的動機去發掘「自己是由什麼組成的」，並且喜歡創意活動、運動或科學的過程。達文西、達爾文、傳奇冰球選手韋恩·格雷茨基（Wayne Gretzky），還有許多其他偉大人物都是出自這個動機。（不過，格雷茨基也非常尊重冰球運動和他的家庭，這也會引發利他主義。）

當你仔細檢視這四種激勵因素，就會發現它們都來自於某些事件、情境或經驗，促使這些人走上努力的道路。然而，最終他們會找到這件事的更深層意義。蝙蝠俠繼續他的使命，是因為他喜歡幫助別人，為「小人物」而戰。歐普拉用大眾從未體驗過的真實和誠實，不斷從與人互動中找到更多喜悅，這改變了人們的生活。巴菲繼續戰鬥，因為她要拯救她所愛的人。神力女超人在將人類從邪惡中拯救出來的同時，也繼續追求公平和平等的理想。

在所有這些情況下，它們的真正目的最終也會導向第三章賽場模型中所概述的核心驅動力：

- 家庭
- 社區
- 國家

◆宗教
◆種族
◆性別
◆特定族群
◆想法
◆事業

當你開始把你想要實現的目標，與比你自己更大的目標連結在一起時，你的使命就有了更深層的目的。而說到感覺，你的感覺並沒有正確或錯誤之分，它只需要**很強烈**。你可能無法清楚表達這種感覺，想用文字表達一種感覺總是不夠貼切。如果你對自己想要的東西感覺很強烈，但又無法告訴我那到底是什麼，那你就在正確的路上了。稍後，你可能會找到合適的詞彙來表達它，但也可能找不到，詞彙在這裡並不重要，感覺才是重點。

儘管自我成長界中的一些人可能會反對，但是在激勵人方面，憤怒這樣的負面情緒可以發揮絕佳的效果，尤其是在一開始你要採取新行動，並試著建立動力的時候。這些強烈的情緒能讓我們動起來，而這正是你早期所需要的。當人生的遊戲在場上進行時，大多數人都只是坐在場邊旁觀。因此任何能讓你站到場上，讓你動起來的東西，都很重要。

問問你自己：「我為什麼想要這個？」或「為什麼我要讓它成為我的非凡世界？」或「為什麼我想創造一個另我？」

目標和情緒是緊密交織的。舉例來說，我的家庭從以前到現在，一直是我選擇創立和發展公司，與運動員、商業領袖和創業家合作的主要驅動力之一。從我還是個孩子時，我就對家族姓氏有一種深深的責任感和共鳴。家族裡的好人給了我動力，這是我的動機之一，也是我想要實現我的非凡世界的原因之一。

請注意，我說的是「我的非凡世界」，不是你的，不是我爸爸的，是我的。這並不是說我很自私，因為我的世界有非常大一部分都是在為別人服務。然而，我才是決定那個世界看起來、感覺起來和聽起來是什麼模樣的人，而不是其他人。

我遇到或協助過的很多人，他們的驅動力是來自想要逃離過去的某些事或某些人，他們對那段經歷或別人欺負他們的方式充滿了憤怒。幾年前，我在一次研討會中認識了一位墨西哥裔美國商人。我們非常合得來，所以決定在午餐時偷偷溜出去。他憑藉著自己的事業累積了大量財富，是個很和善，說起話來輕聲細語，相當謙遜的人。但當他開始談論自己過去的經歷時，雙眼就冒出了火焰。

他告訴我，他的事業剛開始，第一次去潛在客戶家拜訪時。他走上客戶家的車道，正好有人走出來，兩人擦身而過時，這個人對他說：「噢，你一定是新來的園丁，要來修剪樹籬的。」

他告訴我，那句話對他來說是一個轉捩點。那個人認為他是來修剪樹籬的唯一原因，是他的膚色。他說：「那一天，我向自己許下承諾，一定要變得非常有錢，我一定會扭轉局面，雇個白人來做我的園丁。」他找到了自己的情緒共鳴，這促使他開始朝著他的非凡世界走，最終也實現了。這件事是他最初的動力，但過了一段時間，他開始看到他對社區的影響，以及他對其他墨西哥裔美國人的激勵，這成為了他不斷成長和冒險的核心驅動力。

我希望你們去尋找並發現的，就是這種強烈的情緒共鳴。這就是為什麼你會拿起這本書，為什麼你要建立另我的原因。

另一個例子是約翰。約翰的家世顯赫，他的祖母來自歐洲，來自一個在二戰期間被迫逃亡的皇室家族。她在墨西哥登陸，嫁給了一位將軍。約翰的家族以權勢和地位聞名，他是第一代美國人，正試圖在商界揚名立萬。約翰非常重視自己的家族、傳統和世襲，還想把這眾所周知的家族，自傲的安置在一個新的國家，並延續家族的遺產。這股混合了家族、事業和想法的核心驅動力，推動他克服一路上遇到的所有障礙。

有些時候，情緒共鳴是由我們的家庭、社區或國家引起的。我有一個客戶，參加了二〇一二年的倫敦奧運會，當她看到自己國家的國旗從領獎臺上緩緩升起時，她受到了啟發，想成為第一個讓自己國家的國旗在全球觀眾面前展開的人。大會是否因為她獲得第一名而演奏國歌並不重要，她唯一關心的就是看到自己國家的國旗。讓她與自己憧憬的非凡世界產生情緒聯繫的核心動力，就是民族自豪感。

她從來沒有想過這樣的事，參加比賽的時候，她在該運動項目的世界排名是第二十八。她甚至不是自己國家排名第一的選手，但她在奧運會上獲得了第四名，打破了她之前有過的個人最佳成績。

有時候，我們想要的東西背後的情緒共鳴是非常個人化的。我們想要富有，想要安全，想要更多的權力。如果你的原因是比較個人主義的，那也沒關係，它本來就不必是要拯救人類的宏偉計畫，也不必是發自和平、愛、溫柔的存在狀態。但正如我之前提到的研究所說，它必須對你有深刻的意義。在大多數情況下，這些最初的激勵因素，最後都會成為你的核心驅動因素，而你在探索你所能做的極限。「想要更多錢」這個最初動機，最終會依附於對家庭、社區或國家的影響，或是會依附於一個想法上，讓你想知道你到底能創造多少成果。

與我合作過的一些最成功的運動選手、企業主管和創業家，都是受到自私的原因驅使，走向他們的非凡世界。雖然我說自私，但並沒有負面的意思。如果這是讓你動起來的情緒共鳴，那就把握它吧。無論你是想看到自己的名字高掛在房地產辦公室外，想讓自己成為米其林星級餐廳的主廚，還是想以數百萬美元的價格賣掉一家公司，然後拿著文件，把它摔在你父親的廚房桌子上，對他說：「你還說我永遠不會有出息？現在看看我！」

很多客戶——尤其是創業家，告訴我他們想為世界服務或做出改變。如果那是你內在的驅動情緒，如果那是你要建立和創造另我的原因，那我憑什麼讓你去尋找別的原因呢？

我不在乎你內心的情緒或目標是什麼，這不關我的事。我真正關心的是，你要誠實面對自己，對自己「想要什麼」和「為什麼想要」產生強烈的情緒共鳴。這種情緒會讓你動起來，並且繼續前進。

剛開始的時候，我想要的是非常個人的東西。然而隨著時間推移，我發現我的情緒共鳴和目標有很大一部分來自於：我想盡可能對大多數人產生最大的影響。這就是我的動力，是我現在做這些事情的原因。

五個為什麼

如果你已經有了強烈的情緒共鳴，或你知道為什麼要創造一個另我，那麼你可以跳過這一部分，繼續讀下一章。

但如果你很難找到情緒核心，也說不太出你為什麼想要「你想要的東西」，那就試試「五個為什麼」技巧吧。「五個為什麼」（The 5 Whys）是一個解決問題的工具，由豐田汽車公司的創始人豐田佐吉在一九三〇年代發明，到了一九五〇年代由豐田生產系統的先驅大野耐一正式提出。五個為什麼可以幫助人們找到並理解問題的原因[4]。

這是一個相當簡單的過程，非常適合用來找出真正激勵你的是什麼。做法就是問「為什麼？」不停的問，直到你找到核心，找到引起深刻情緒共鳴的地方。

例如，我每星期一、星期三和星期五早上四點半起床，五點到六點半去見我的教練。為什麼？因為我想讓身材變好。

為什麼我想讓身材變好？因為當我和孩子們玩的時候，我想比他們有更多的精力。幾個月前，我在和他們玩的時候，我的背部酸痛、呼吸困難，十分鐘之後我就筋疲力盡，不得不休息一下。我告訴孩子們我必須停下來，我實在太累了。他們失望的神情讓我非常難受，我不想成為那種跟不上孩子的爸爸，因為身體狀況不佳而錯過和孩子們一起玩耍的時刻和機會。

好吧，我不需要問到五個「為什麼」，只用了兩個就找到激勵我的原因了。想要跟上孩子們的腳步，這目標可能有點高，但我已經準備好接受挑戰，要讓他們筋疲力盡了。所以我改變健康狀況的核心動力，來自於我的家庭。

視你個人所需，要用幾個「為什麼」都可以。如果你一直繼續這個過程，最終幾乎總會發現，它會引導你到其中一個核心驅動因素：家庭、社區、國家、宗教、種族、性別、特定族群、想法或事業。這就像鑽石油，你不停的問下去，直到你找到「情緒噴發」的點。當你碰到它的時候你就會知道，因為這種情緒會很強烈。在你感到疲倦疼痛、想要放棄的時候，想著這個因素能讓你的激情之火繼續燃燒。每一個表現傑出的成功人士都會面臨這樣的時刻：他們懷疑自己是否應該，甚至是否想要繼續前進，他們都會質疑自己所做的犧牲和選擇是否重要。

那些能堅持下去的人，是一開始就知道自己**為什麼**要參加這場比賽的人。他們知道自己追求非凡世界的目的，並建立一個能幫助他們實現目標的另我。

所以這個簡單的問題變成了：

為什麼你想在你的賽場上啟動這個英雄自我？

是因為與下列某方面有很深的連結嗎？

是家庭？社區？國家？宗教？種族？性別？特定族群？想法？事業？

或者你的原始動機來自於被傷害、被冤枉、自我創意表現或自私的需要。但是你總會發現，隨著你繼續前進，你會找到一個新的核心驅動力，能夠長期支持著你。

自我疏離

很多人很難反思自己的生活，科學家稱這種狀況為「自我反思悖論」。問自己有挑戰性或困難的問題，比如「你想要什麼？」或「你為什麼想要這東西？」會讓你的心理打結。然而，有一個很有用的技巧叫做「自我疏離」（self-distancing）。密西根大學和加州大學的心理學家伊森・克羅斯（Ethan Kross）和奧茲倫・艾杜克（Ozlem Ayduk）對這種技巧及其好處，做了數千小時的研究[5]。

他們寫道：「人們在思考過去的經歷時，可以後退一步，從一個遠處觀察者的角度，來思考其中的原因，就像看牆上的蒼蠅一樣。」

所以，想利用這個心理技巧來輔助自己，最有效的方法之一就是問自己：「為什麼『珍』想寫暢銷小說呢？」或「『陶德』的人生目標是什麼？」，這種第三人稱的敘述能創造出一種觀察者式的效果，可以讓你在有挑戰性或困難的問題上找到觀點。

這種自我疏離的技巧為另我效應的力量提供了更多的證據。另我會給你一種觀察者的優勢，把自己從自言自語的迴圈或情緒螺旋中解放出來。它讓你有機會問自己，「神力女超人會怎麼做？」或「德蕾莎修女在這種情況下會做何反應？」，或「為什麼蝙蝠俠要扛下這個重責大任？」

所以當你在思考你的核心驅動力，或另我的核心驅動力是什麼時，使用自我疏離的技巧可以幫助你找到答案。

時間讓一切變清晰

你越常將自己最強大的一面帶入賽場，你就越會發現你的「為什麼」。許多運動員、作家、創業家和其他創意人士告訴我，他們開始自己的旅程時，並不知道「為什麼」這個問題的答案，他們只是對某件事感興趣，或是有一些技能，並非常投入在此技能的發展上（比較傾向自我實現的部分）。不過，隨著他們表現的進步和結果的改變，對這件事的熱情也逐漸增加。隨著熱情增加，對「為什麼」的答案也越來越清晰。

有時候，答案來自你的行為，而不是想法或感覺。

Chapter

11

定義並命名你的超能力

我接觸過的最具挑戰性的運動之一，就是馬術，而麗莎也是一個很難對付的客戶……

想像一下，為了讓一個菁英選手發揮出最佳水準，我必須將所有具有挑戰性的部分一一結合，這是令人望而生畏的艱辛過程。將心理、情緒和物質世界調和一致，就像同時趕三隻貓一樣。但在馬術世界中，還要再加進一個因素，使得這三個世界更難一致：一匹馬。

馬術是多種項目的迷人集合，有障礙超越、競速、馬球和盛裝舞步……等等。我的客戶麗莎參加的比賽就是盛裝舞步（dressage），這是一項令人著迷的運動，因為在足球、橄欖球、籃球或高爾夫球的其他運動中，不會有一匹一千磅重的馬在你下面，察覺著你的每一個細微動作、感覺或想法。

如果你對馬不熟悉的話，我可以告訴你，馬是這個星球上情緒最成熟的動物之一，這就是為什麼馬會被用於創傷後壓力症候群（PTSD）、自閉症、成癮和許多其他心理健康相關問題的治療和復原。但正因為馬匹的高度敏感，使得盛裝舞步成為極具挑戰性的運動。

韋氏辭典對「盛裝舞步」的定義是「一匹訓練有素的馬，根據騎手發出的、幾乎察覺不到的信號，做出精準的動作」。想想看，一隻重達一千磅、具有敏銳情緒能力的動物做出「精準動作」，根據「騎手發出的、幾乎察覺不到的信號」，也就是人類給的信號——我們都知道人類不是完美的。再說一次，這是唯一一項會讓你的情緒傳遞到馬身上的運動。也就是說，無論麗莎的情緒狀態是什麼，她的馬都會注意到，並直接反映在牠的表現中。

麗莎要克服的問題是在比賽之前的極度緊張和焦慮，而這會表現在她的姿勢中，她會有點駝背。這也會顯現在她握韁繩的力道，抓得太緊會像電話線一樣，直接向馬發送信號，像在尖叫著：「我現在感覺沒有自信，我超級緊張，所以你也應該緊張！」她的馬瑞奇．鮑比，會清楚明確的接收到一切，牠會跳來跳去，姿勢會不標準，這會影響裁判給的分數。畢竟，這項運動就是要在預先指定的動作下，讓馬根據騎手的細微信號做出精準的動作。

在我們最初的一次談話中，我問麗莎：「你認為誰或什麼能代表完全的掌控力、完全的自信和真正的鎮定？」

在思考了一會兒之後，她回答：「神力女超人。」

她還告訴我，她在成長過程中是多麼喜歡神力女超人，以及琳達．卡特（Lynda Carter）在電視上扮演的經典角色。她解釋了真言套索，以及神力女超人出身於亞馬遜部落（一個由善騎馬的女戰士組成的民族）。麗莎對神力女超人有一種難以言喻的強烈情緒連結，再加上馬這項共同連結，所以每次她騎上馬鞍時，這自然就成了她的另我。

每個超級英雄都有超能力，幫助他們克服那些世界裡的任何衝突。神力女超人擁有超強的力量、速度和飛行能力。蜘蛛人擁有隨機應變的機智，能夠粘住牆壁和天花板，還有從手腕噴出蜘蛛網的能力。水行俠可以控制大海，擁有超強的力量，還可以在水中呼吸。

雖然你不會運用這些不屬於這個世界的超能力，像是用護腕擋子彈，用真言套索迫使人們說實話，或從手腕射出蜘蛛網，但你的心靈有不可思議的力量，可以透過進入你的另我，開啟你早已經具備的資源。這些被神力女超人擋下的子彈，可能是批判的子彈、害怕批評的子彈，或是拖延另我繼續前進的子彈。就像超級英雄在他們的世界中只需要使用特定的超能力一樣，我們也只需要使用特定的超能力。

我的另我在事業中使用的超能力是自信、果斷和清晰表達的能力。為什麼呢？因為這些正是我剛創業時缺乏的東西，也是我在賽場上獲勝所需要的特質。我爸爸在加拿大經營牧場養牛，他需要這些超能力嗎？也許吧，但不一定。要想成為一個好父親，我想要的超能力是好玩、冒險和有趣。這些是你身為父母需要使用的超能力嗎？也許，但不一定。

這就是另我效應的美妙之處，由**你**來定義這些特質。

你為另我選擇的超能力將是你最需要的，以確保你在賽場上或聚光燈時刻展現出英雄自我。我們在看你的平凡世界時，看到的是現在你的模樣，以及你現在是誰。我們觀察到一些行為、思想、情緒、行動、信念、價值觀，和其他導致你受困的特質。

現在是時候有意識的去尋找那些特質、那些超能力，是你需要另我在聚光燈時刻召喚並使用的能力。

人們常會問我，是要先創建另我，還是先設定超能力？都可以，無所謂。有些人立刻就知道自己的另我是誰，如果是這樣，那麼我們就倒回去看看，為什麼他會選擇這個特定的另我，藉此梳理出所有特質，並解構這個另我的身份——它的行為和癖好，它的技巧和能力，它的思想和情緒，以及它對自身和世界的信念與價值觀。

另一些時候，我們會從這個人在聚光燈時刻想要召喚的超能力看起，比如沉著、自信和篤定。然後再尋找代表這些特質的人或物，那就可以成為他的另我。

這些做法沒有對錯之分，雖然本書是按順序鋪陳的，但建立另我的實際狀況，比較像是走進通往非凡世界的一條路。你可以在不同的章節間跳來跳去尋找靈感，最後你還是會理解這些組成部分。以查克為例，他是全國最頂尖的大學冰球選手之一，現在是職業選手。他和許多人一樣，也希望盡快創造出並使用另我，因此我們簡單的完成了最初的幾個步驟，並沒有深入挖掘他目前的表現、敵人的形式、敵人的名字，或是驅使他建立另我的更深層次目的。

當我們剛開始合作的時候，他苦於困在角落裡時，很難拿到冰球。他想要更努力奮戰，但是他年輕時受了重傷，因為被另一名球員從後面撞擊，這種恐懼和擔心讓他在比賽中總是戰戰兢兢。當我們開始談論他在角落裡要如何反擊時，他立刻想到了袋獾（有「塔斯馬尼亞惡魔」之稱），所以他選擇袋獾做為他的另我。他開始帶著這種心態在上場比賽，並開始取得較好的成績。然而，他的表現還是時好時壞。所以我們回過頭來研究建立另我的所有要素，讓他與這個自我更深層次的目的真正產生共鳴和連結。最後，查克創造了一個混合式的另我，就像我帶上足球場的另我一樣。

這本書就像一本《多重結局冒險系列》小說，你可以控制順序。只要你通過所有的門（章節），就能定義出你的另我，提供最強大的超能力——畢竟，這才是我真正在乎的事。

建立另我的超能力

當我們觀察平凡世界時，要看的是出現在賽場上的你是誰。

現在我們要從頭開始創造一個另我，來解鎖你的英雄自我。如果你已經知道你的另我是誰或什麼，也知道它的超能力了，那麼就用接下來的幾頁來磨練、完善和強化你的另我。

提示1：從超能力開始

你希望你的另我在聚光燈時刻如何表現？找出一些形容詞。你想成為果斷、適應力強、靈活、有野心、善良、外向、冷靜、聰明、激進、堅韌、勇敢、有活力、隨和、可愛、喧鬧或有渲染力的人嗎？

如果你不確定，試著完成這個句子：「我希望我是……」

誰或什麼能代表你選擇的形容詞？說到「自信」，你有沒有聯想到誰？這個人可能是和你在同一賽場的人，也可能是在不同領域或產業的人，而他們的自信而讓你欽佩。這裡沒有限制，答案沒有對錯之分，當然，無論你選擇的是什麼或誰，也不會受到評判。

唯一重要的是，要選擇與你有深刻共鳴的人或物。我客戶海蒂選擇的另我是兩個人物的綜合，一個是影集中的傳奇英雄馬蓋先（MacGyver），沒有任何問題是他無法解決的，另一個是紐約創業家、主持《瑪莉電視秀》（*MarieTV*）的瑪莉．佛萊奧（Marie Forleo），有著充滿活力和創造力的個性。

前面章節提過的茱莉亞，在與客戶協商時總是難以維持堅定的態度。她說自己總想討好每一個人，她對所有的事、所有的人都說「好」，即使對她並沒有好處。她希望能堅持自己的立場，為自己而發聲，她厭倦了被視為溫柔、好說話的人，她希望內在的雄心和決心能夠大放異彩。

當她第一次認識另我這個概念時，她覺得必須把自己的個性做一百八十度的反轉。如果她過去溫柔好說話，那麼她就需要變得像獅子一樣咆哮。但是有一個問題：她對獅子沒有任何情緒共鳴。事實是，她有，但是是負面的共鳴，她不覺得自己像獅子，也沒有類似的精神，感受起來非常勉強。

然後她收到了先生寄來的生日賀卡。卡片上是一隻鹿，一隻有角的雄鹿。她非常喜歡鹿，以她自己的話說：「我極度著迷。」有些人在自己的頁面上放滿了貓咪，而她是放鹿的照片。她先生還送她一條鹿角造型的項鍊，「我先生說：『你善良、溫柔，同時又那麼堅強。』這些特質結合起來，真的完全命中了我。」

茱莉亞找到了她的另我——雄鹿。「雄鹿堅守陣地，牠們安靜又溫柔。但你絕對不會想惹上一隻雄鹿，牠們很堅定、很固執。」

之後，只要身處令她不自在的情況下，她就會用另我來幫助自己堅持立場。不管你選擇什麼，這就是你要尋找的連結。

你不需要建構一個龐大的世界，擁有十八種超能力。我創造理查時，只用了三種超能力：自信、果斷和善於表達。創業家齊絲瑪也是用三種超能力：願意接受、清晰和開放。

如果你仍然不確定想要擁有哪些特質，才能幫助你以自己想要的方式表現在賽場中，那就重新審視你在第四章中找到的任何東西，並把那些阻礙你的特質反轉成相反的特質。我之所以選擇「果斷」做為我的性格之一，是因為我優柔寡斷，而且明知道為了成功我必須做這些事，還是會拖延。你也可以用這樣的方法。

提示2：選擇你欽佩的人或物

第二個切入點是，從你很欣賞的某人、某物或動物開始，然後問自己：「為什麼？」你欣賞這個人、這個東西或動物的什麼地方？他們有什麼特質（或超能力）？

如果你被超人、神力女超人、蝙蝠俠、黑豹、風暴女、蝙蝠女、浩克、金剛狼或蜘蛛人這些漫畫中的英雄所吸引，為什麼？他們有哪些特質是你欣賞或重視的？

也許你被林肯、聖女貞德、埃及豔后、邱吉爾、居禮夫人、哥白尼、馬拉拉（Malala Yousafzai，二〇一四年諾貝爾和平獎得主）、金恩博士或達文西這樣的歷史人物吸引，為什麼？他們有哪些特質是你欣賞或重視的？

可能是文學人物，像簡愛、哈利·波特、亞哈船長（Ahab）、神探南茜、郝思嘉、卡薩諾瓦、基督山伯爵，甚至小熊維尼（對，真的，什麼都可以），或是電影或電視節目中的角色，為什麼？他們有哪些特質是你欣賞或重視的？

也許是名人、運動員、記者、作家、導演或政治人物。為什麼？也許是你家族裡的某個人，可能是祖父母、父母、心靈導師或老師。為什麼？也許是某種動物。為什麼？再說一次，他們有哪些特質是你欣賞或重視的？

你是被賽車、卡車、火車、刀子、小玩意、小發明，還是某種機器人所吸引？如果你告訴我，你清楚知道你的另我是個永不停歇的引擎，我有什麼資格跟你爭論？這是你的世界，由你創造你的另我。重點是，就像你進入的任何祕密身份一樣，你要與它有一種強烈的情緒連結。

更何況，體育界中充斥著把機器當作另我的運動員。NFL的跑衛「巴士」傑羅姆・貝蒂斯（Jerome Bettis）和「火車」傑・阿雅伊就是很好的例子。他們兩人都喜歡把自己的隊伍扛在背上，帶著他們走向勝利，或是碾壓過敵對防守這樣的概念。有一次，一位銷售員跟我聯絡，告訴我他選擇了一塊磁鐵做為他另我的一部分，以吸引完美的顧客和交易。「我的受困自我態度很糟糕，我覺得每件事對我來說都比別人更難。所以針對我做的每一件事，我希望另我能面對比較少的阻力和努力。於是『磁鐵』麥克・墨菲誕生了。」

你可以從任何來源建立另我，例如：

◆電視或電影角色
◆文學人物
◆卡通人物

- 超級英雄
- 藝人
- 歷史人物
- 動物
- 機器
- 抽象的東西
- 運動員
- 生活中認識的人，比如家人、老師、朋友或導師❿

瓊安，我在第三章裡提到的那位女士，出生在英國，十九歲時搬到澳洲住了幾年。她看了一部關於崔西·愛德華茲（Tracy Edwards）的紀錄片，這位英國水手在一九八九年率領第一批全女性船員參加惠特布萊德環球帆船賽。瓊安與崔西有著很深的連結。

---

❿ 想要參考更詳盡的列表，以及與不同角色相關的特徵，請至AlterEgoEffect.com/inspiration

她在一個貧窮的內陸小鎮長大。「我這樣一個來自曼徹斯特的年輕女孩，要去南安普頓大學，很多優秀的遊艇運動員都會去那裡，他們在那裡造船，那裡的男人都很正派，而我做的第一件事就是走進並加入俱樂部。我後來獲得兩次歐洲帆船錦標賽冠軍，但那一刻，我根本不知道如何駕駛遊艇，就只有學習的決心，像崔西一樣。

「我決定以崔西．愛德華茲的形象示人，我認為她專注、堅強，身邊圍繞著其他同樣堅強、有力量的女性。我以前從來沒發現，直到看了那部紀錄片，我才意識到，我可以成為一個成功的女性，而不需要去模仿男人。」

和先生一起開了汽車維修店的瑪麗安，她發現自己總是被動物圖案吸引。當她開始選擇另我的時候，便問自己「為什麼」？她為什麼會被這些圖樣吸引？「動物憑藉的是純粹的本能，牠們沒有冒牌者症候群。牠們天生就很堅強，能完成牠們該做的事情。」她解釋道。「在沒有意識到這點的情況下，我被那樣的能量吸引，它讓我感到更有自信、更強大。」

提示3：它就在你面前

你過去是否有感覺連結很深的人，或是感覺和你志同道合的人？

茱莉亞另我的兩個價值觀是冒險和旅行。雖然她在德國長大，卻深受奧地利的阿爾卑斯山所吸引。她的曾曾曾曾祖父是一位高山探險家，在他的村莊裡還有一座以他為主題的博物館。他還是個浪漫的風景畫家，為了記錄地質資料，他決定爬上奧地利的阿爾卑斯山，畫出三百六十度的全景。茱莉亞去參觀了那間博物館，她告訴我，當她環顧四周時，她意識到：「有時候，你必須要擺脫自己的方式，接受已經存在的東西。」

你的另我也可以是還在世的家庭成員。可以是父母、祖父母、兄弟姐妹、表兄弟姊妹、阿姨、叔叔。如果你仔細審視你的家族史，你可能會很驚訝你發現了誰，誰激勵了你意識到你的組成成分、你來自哪裡。

我在一次研討會上認識一位執行長，他向我講述了他大學畢業後的經歷。踏入現實世界後，他發現自己對職業生活的挑戰準備不足，尤其是辦公室政治、苛刻的同事，以及向不想聽他說話的客戶推銷產品時的焦慮。「身為一個非A型人格[11]的人，我覺得如果我不改變的話，接下來

---

[11] A型人格是個人在語言、心理與動作上表現出急迫感、積極性、競爭性、好勝心、敵對性與攻擊性的特質或行為，B型人格則缺乏這些特質或行為的表現。

四十年我就會活在煉獄裡，它會吞噬掉我的內心。」

他繼續告訴我，他有一位教授，在工作方面充滿活力、有趣、熱情。「馬丁內斯教授似乎無所畏懼、無拘無束。他的所有課，只要我能上的我都上了。他是我『精神上的導師』。他不知道這件事，但我尊敬他，看著他做的每一件事。所以我決定使用『教授』這個另我，將他帶入我的工作中。」

在整個過程中，最讓這位執行長感到驚訝的是，他越常運用這個另我，就越覺得那就是他自己。「我意識到我不只是我過去以為的我。我總是認為自己是那種靠在椅背上，讓別人去帶領的人，因為站出來帶領大家，是『那種人』在做的事：意志堅強、聲音很大、很外向的人。但我發現，我喜歡充滿活力，喜歡好玩和充滿熱情。感覺就像我在自己體內發現了另外一個宇宙。這是在釋放。」

就像這位執行長一樣，你可能也有一位崇拜敬仰的老師、教練或導師，這樣的關係也可以是很棒的切入點。

挑選最有感的

大家經常問，什麼樣的人或物才是最好的另我。是超級英雄嗎？是電影或電視明星嗎？虛構人物嗎？而答案總是一樣的：

最好的另我，就是與你的情緒連結最深的那個，情緒連結勝於一切。

如果你有一個從十五歲起就很喜歡的角色，那麼它就很值得你去研究一下。如果有一個你一直很喜歡的演員，那就從那裡開始吧。如果有一個導師，或一個家庭成員影響你很深，比如父母、祖父母、阿姨、叔叔，那就去探索吧。

我們剛剛提到的這些來源，最大的優勢在於你與他們有很多接觸，無論是透過閱讀、觀看，還是與他們互動，你都可以很輕易的將某些特質融入到你的另我或祕密身份中。這就像「現成的另我」，因為作家、導演的生平，或你的家族史、你和家人的日常互動，已經在你的腦海裡創造出很強烈的印象。

也可以自創「另我」

你可以選擇的最後一個另我，是對你來說已經很有意義的人，然後加入你自己的創意。就像我高中和大學踢足球的日子裡，我把兩個我最喜歡的球員合而為一。自己創造需要更多的腦力訓練和想像力，但它也可以帶來更豐富和更深的情緒連結。我把沃爾特．佩頓、羅尼．洛特和一群印第安英雄加在一起，創造出「傑羅尼莫」。我只是從每個人身上挑選不同的屬性和特質，精心打造了自己的祕密身份，然後把它帶到賽場上。對於一個身型瘦弱的孩子來說，帶著比我大兩倍的強壯英雄上場比賽，相當有效。

另一個例子是泰德，他在事業遭受一些挫折後失去了信心，他也是以同樣的方式打造他的另我。泰德的公司是為客戶在軟體領域創建客製化的技術解決方案，以縮短產品的上市時間，降低總體成本。

他在洪都拉斯長大，從小就在戶外玩耍，在家裡的農場幫忙做事。他靠獎學金移民到美國，進入佛蒙特大學，並在那裡拿到電子電腦工程學位。

在經歷了一些挫折，開始對自己失去信心後，他決定放下這個「受困自我」，步入他的另我。當泰德面對新的商業機會，進行銷售拜訪和推銷時，他就會叫出「卡特拉喬．史匹羅」（Catracho Spearo）。卡特拉喬是洪都拉斯人的暱稱，而史匹羅是洪都拉斯語中魚叉捕魚嚮導的意思。

泰德以前常常去用魚叉抓魚，現在偶爾還會去。當他在尋找新的商業機會時，他想像自己身處六十英呎深的水中，十三英呎長的大白鯊像往常一樣圍著他打轉。每天早上，卡特拉喬．史匹羅都會駕著他的船出去，在水中游來游去，充滿了勇氣、信心、無所畏懼，尋找新的商業機會，就像他整天都在尋找要捕的魚一樣。「卡特拉喬．史匹羅是專注、強壯、堅韌的。」泰德說。

他解釋說，當你潛到海中捕魚時，你手邊的資源是最少的，你潛入水中前，就只能吸一口氣，然後迅速把握機會抓魚。你要找機會刺中藍鰭金槍魚、大比目魚或大龍蝦，但你不是唯一在水中尋找獵物的人。巨大的大白鯊在你身邊的水域深處遊走，不僅可能奪走你的機會，甚至可能奪走你的整個事業。

每一天的目標，是抓住一個機會，並把它安全的帶回到船上。

「我努力克服我的恐懼和弱點，」泰德說：「但是當我上臺報告、參加會議，或當我對一個新專案或任務感到不自在時，我就變成卡特拉喬．史匹羅。史匹羅會說：『我以前遇過更糟糕的情況。我只需要給槍上膛，潛入水中，看到機會就抓住它。只要我站上那個賽場，就會得到一些東西，而且可以維持很久。』」

卡特拉喬．史匹羅能成為強大另我的原因是，首先，泰德原本就對戶外活動和魚叉捕魚充滿了熱情，所以對於在這些環境中取得成功所需要的特質和能力，他馬上就能產生連結（而且是非常深的連結）。然後，他又加上與祖國洪都拉斯的連結，卡特拉喬這個暱稱對他來說，有相當深刻的情緒連結，那裡是他的家鄉，他的家人仍然住在那裡，他是一個自豪的洪都拉斯人。又是另一項深刻的情緒連結和崇敬，除了紀念，也提醒他要讓原生家庭和部落感到驕傲。

就像我在本章前面說的，有很多方法可以找到你的另我。在這一章中，我一直在提醒你，要找出你最想在賽場中展示的特質和能力，藉此建立你的另我，進而幫助你創造非凡世界。

下面還有一些額外的問題，可以幫助你找出這些特質：

- 「在你的賽場中，你欣賞其他人的哪些特質？」
- 「在你的賽場中，出類拔萃的人有哪些特質？」

◆ 如果你在所做的事情上表現傑出：「你會怎麼看待自己？」「你對這事業會有什麼態度？你的商業技能是？」「你會有哪些信念？」「你的儀態舉止會是什麼樣？」

如果一年後的今天，因為你認真的運用另我，你的身份已完全改變了，那麼最支持你的好友會說什麼，在你的轉變中，最讓他們驚訝的三件事是什麼？關於你的轉變和新結果，他們會不斷告訴其他人什麼？

回顧你在平凡世界那一節中所寫的內容，你列出的所有缺點或負面特質的反面是什麼？你要擁有哪些特質、能力、態度、信念、價值觀和行為，才能打敗試圖阻止你的敵人？

仔細閱讀下頁列出的性格特徵，圈出或標記你已經擁有的特質。然後從頭到尾看一遍，再找出五到十個你的另我或新身份將擁有的特質。

在你選出五到十個能代表你的另我或新身份的性格特質後，你要如何展示這些特質呢？

比方說，如果你選擇了「強大」：

適應性強　喜歡冒險　和藹可親　感性　令人愉悅

雄心壯志　平易近人　不傷和氣　風趣　強悍　勇敢

反應快　心胸開闊　有心機　平靜　小心謹慎　迷人

鎮定　善於溝通　富有同情心　有競爭力　內向　自信

有責任心　體貼　堅持　控制慾強　冷酷　有膽量　禮貌

有創意　有毒的　果斷　有決心　勤奮　善於交際

有紀律　考慮周到　有活力　隨和　情感豐沛　精力充沛

充滿熱情　外向　生氣勃勃　公正　忠實　無所畏懼

尖銳　情感激烈　浮誇　有彈性　善變　有說服力

坦率　友善　搞笑　慷慨　溫柔　巨大　有天賦　高雅

不喜獨處　認真刻苦　樂於幫忙　誠實　幽默　有想像力

無偏見的　獨立　有知識　聰明　直覺敏銳　善於創造

厚道　迷人　充滿愛的　深情　強大　謙虛　神祕　整潔

個性不錯　樂觀　有條不紊　慷慨激昂　有耐心　固執

常惹麻煩的　前衛　有哲理的　沉著　大膽　精鍊

有禮貌　強而有力　實際　積極主動　伶俐　安靜

理性　可靠　保守　足智多謀　明智　難以捉摸的　真誠

油嘴滑舌　善於社交　靈性　直來直往　強壯　迅速的

有共感的　有條理的　深思熟慮　高大　整潔　令人緊張

強硬　詭計多端　靦腆　善解人意　柔軟　多才多藝

惡毒　暖心　樂於服務　機智

◆你要如何在事業中表現這項特質？
◆從別人眼中看起來那是什麼模樣？
◆你覺得那是什麼感覺？
◆別人聽起來，你說話時是什麼模樣？
◆你對自己／事業有什麼樣的態度，能讓你變得更強大？
◆你能不能舉出一個例子，誰是你認為很強大的人？他們如何行動／說話／思考？

你可以使用上述任何一個或全部的問題，來找出另我的核心特質。另一種練習的方法——也是強大的心態轉變方法，就是以另我的身份回答這些問題。如果你選擇了超人、神力女超人、印第安那·瓊斯、歐普拉、你的祖母、拳王阿里、小熊維尼、羅傑斯先生、探險家朵拉、林肯、艾倫·狄珍妮……等等，以你的另我身份來回答這些問題，可以釋放出全新層次的創意、意識和想像力。

正如我在整本書中不斷提到的，在做這件事情上並沒有太多規則，找到你的祕密身份是個人的旅程，用一個適合你的就好。還記得偉大的運動員博·傑克遜和我在本書一開始分享的故事嗎？他的另我是《十三號星期五》恐怖系列電影中的傑森。對於一般人來說，這聽起來根本是瘋了，但他選擇另我不是基於別人的想法，而是**他自己**從這個角色身上提取的意義：不流露情緒、毫不鬆懈，傑克遜需要這兩樣東西來對抗他內心的敵人：那無法控制的憤怒。

仔細思考這些問題，全心投入、預先思考，將會發揮你的潛力，對你的非凡世界產生巨大的影響。讓它發生吧！

為你的另我取名

對某些人來說，另我的名字非常明顯。如果你選擇了一個虛構的角色或現實生活中的人物，那麼你最有可能就使用這個人的名字。

如果你選擇了一種動物，或是你在受到一些超能力的啟發後，在心理實驗室裡仔細構建出了一個另我，那麼你就需要給它取個名字了。

為什麼呢？就跟我們為敵人取名的原因一樣。名字能賦予某樣東西形狀和形式。我們到哪裡都會用到名字，對吧？我們不會喊：「嘿，那個，過來！」或「嘿！那個頭上沒頭髮，右手有刺青的傢伙！」名字可以包含所有的超能力和特性，給了你的另我一個真實的身份。

你可以選擇像泰德的卡特拉喬．史匹羅，或是可以像阿朗托那樣創造一個。你可能還記得第九章的阿朗托和他的另我「大浪」。阿朗托和他太太經營一家行銷公司，他出生於菲律賓，十二歲時移民美國，進入軍官候選人學校，在美國海軍服役八年，後來成為一名航太工程師。

在創業之前，阿朗托從未做過公開演講，沒在眾人面前報告過，也從未把自己定位成一個講者。但現在，他必須在現場觀眾多達七百人的地方演講。

阿朗托的另我「大浪」，生活在舞臺的一邊，等待被召喚出來。

大浪是我最喜歡的另我名字之一，原因有幾個。第一，阿朗托是一位來自菲律賓的太平洋島原住民，用他自己的話說，他總是「被島嶼探險者的生活方式吸引」。有情緒共鳴嗎？打勾。

大浪的靈感來自巨石強森的角色毛伊，一個幫助迪士尼電影《海洋奇緣》女主角莫娜的半神。阿朗托解釋：「說到另我，這就是我的人格。它有很多傳統，有很多島嶼的背景，但這個角色有一些東西讓我產生共鳴。當我想到我的另我時，這個角色會讓我充滿活力。」又是情緒共鳴？打勾，打勾。

大浪是一個獨特的另我名字，首先，阿朗托對海洋和島嶼的生活方式有著強烈的情緒連結。

其次，這個名字對阿朗托來說具有文化意義，而且與他的家庭、他出生和長大的地方有關。第三，正如我們之前談到的，另我幫助我們達到心流狀態。「大浪」和「流」這兩個詞在一起特別合襯，是個很酷的文字遊戲，也創造出一個與心流有關連的圖像，所以它就像阿朗托心識的觸發器，訴說著它想要進入心流狀態。

超級巨星碧昂絲在舞臺上用凶猛莎夏這個名字來進入她的另我。做為一個在宗教家庭長大的小女孩，她每個星期日都在教堂唱詩班唱福音歌，她最初的表演就是在這樣保守又規矩的環境。據我所知，教堂唱詩班沒有多少人會穿短裙，做出挑逗動作。因此，當她開始流行歌手生涯，被要求表演某些舞蹈動作，唱挑逗的歌詞時，這與她現有的身份多麼衝突，是可想而知的。創造另我來更自由的表達她的創意天分，是自然而然的過程。我喜歡她用「凶猛」這個名字。它流露出一種態度，我相信她一開始需要這種態度來表現這個新身份，並有意識的思考誰要出現在這個賽場上。她的成功是毋庸置疑的。

籃球巨星柯比．布萊恩（Kobe Bryant）選擇「黑曼巴」做為他在球場上的另我。為什麼呢？在接受《紐約客》雜誌採訪時，柯比說，他從昆汀．塔倫提諾（Quentin Tarantino）的電影《追殺比爾》（*Kill Bill*）中得到這個綽號的靈感。在電影中，黑曼巴蛇以敏捷和攻擊性聞名，被用來當作一名致命殺手的代號。

柯比回憶說：「我仔細研究了一下這種動物，然後說：『哇，這超讚的。』這是我希望自己表現的完美描述。」

另我名字的靈感可以源自多種形式，但據我所知，它通常會隨著時間而慢慢演變，所以不要擔心不夠完美。就像你第一次給寵物取名一樣，它們的名字可能會隨著時間推移，而演變成一個暱稱。

當你為另我選擇名字的時候，記住，你要和它有情緒上的連結（就像阿朗托，柯比、瓊安、碧昂絲和我）。

它也應該和你需要在場上發揮的超能力有連結，就像另一個觸發器一樣提醒著你：在那些聚光燈時刻中，你想要成為誰。

這裡有一些方法可以幫助你激發想像力：

一、如果你決定把兩種以上的靈感來源組合起來，就可以把它們的名字組合在一起，比如「黑色奇俠」，它是黑豹和神力女超人的組合。

◆ 佛陀超人（佛陀與超人的組合）

◆ 拿破崙．巴頓（拿破崙和喬治．巴頓將軍）

◆ 梅納度（梅西和羅納度）

◆ 熊奶奶（你奶奶和一隻熊）

◆ 音速龐德（音速小子和詹姆士．龐德）

二、給你的另我一個頭銜，像是王、主、后、將軍、指揮、公主、大師、巫師、冠軍、專家……等等。然後你可以加入自己的名字或賽場的名字，或是你想要展示的主要特質，或是想要精通的活動／項目：

◆ 球場之王（填入賽場名稱）

◆ 瓊安，董事會之后（填入姓名，填入賽場名稱）

◆ 馬修，弦樂之主（填入姓名，填入你想要精通的活動／項目）

◆ 蘇珊，成交之后（填入姓名，填入你想要精通的活動／項目）

◆ 不可阻擋的泰勒（填入姓名，填入特質）

三、單純的使用你選擇的動物或物體的名稱，並加上你的名字：

◆ 黑曼巴，或柯比・「黑曼巴」・布萊恩

◆ 獅子，或凱瑞・「獅子」・赫曼

◆ 大白，或基斯・「大白」・克蘭斯

◆ 巨石，或「巨石」強森

四、創造一個虛構的名字做為祕密身份，然後加入一個形容詞，來描述你想在怎麼出現在賽場上，就像碧昂絲和凶猛莎夏那樣：

◆ 堅毅崔西

◆ 平靜傑基

◆ 敏銳麥克

◆ 勇敢肯尼

◆ 詼諧韋諾納

五、選擇一個超級英雄或讓你受啟發的角色，把它加到你名字或職業／角色的前面或後面，就像塔斯馬尼亞．查克：

◆編輯．龐德（職業＋詹姆士．龐德）
◆蜜雪兒．藍儂（自己的名字＋約翰．藍儂）
◆無敵籃球選手（無敵浩克＋角色〔籃球選手〕）
◆莎莉．溫芙蕾（自己的名字＋歐普拉．溫芙蕾）
◆溫斯頓．馬歇爾（溫斯頓．邱吉爾＋自己的名字）

沒有任何規則，選擇一個名字，然後就開始操作。

另我效應中的這個部分，是我在這個過程中最喜歡的部分之一，因為它可以激發你的想像力，讓你有能力創造**自己的**非凡世界。這也是你進入「實驗室」創造祕密身份，與試圖把你拉進平凡世界的敵人作戰的時候。接下來，我們要藉由打造一個起源故事，為你的祕密身份增加更多深度、力量和效力。讓我們開始吧……

Chapter

12

讓另我活過來

青春期是艱辛的。

除了荷爾蒙暴衝，想要控制情緒就像想要讓奔馳的犀牛停下來之外，看著其他孩子發育得比你快也很難受。尤其當你是個想要爭奪首發位置的運動員時。

康乃狄克州是一個棒球狂熱的州。它是三州地區的一部分，以紐約市為中心，有數百萬人居住和通勤。大多數時候，你會發現這區有洋基隊球迷，些許的大都會隊球迷，甚至更罕見的紅襪隊球迷（好吧，這裡其實有很多大都會隊的球迷。他們只是不承認而已）。提姆也不例外。洋基隊已經滲透到他生活與呼吸的每一刻。

他是個特別的孩子，一個十一歲大的孩子，卻非常成熟且有領導能力，他可以製作、出售，並以此賺錢。我喜歡提姆，因為他個子雖小，但意志堅強，而且永不放棄。

在過去的十年裡，我接下了一些年輕運動員，照顧並免費指導他們。他們只需要申請，寫一篇文章，然後進行一系列的評估，讓我知道誰是真的夠認真，願意付出努力。提姆就是其中之一，我帶了他很多年。

最初的幾年裡，他讓我很輕鬆。他該做的事情都有做，建立了自己的規律，並開始打造一個強大的心理遊戲基礎。但漸漸的，裂痕開始顯現。在我們某一次定期 Skype 通話中，他不再像往常那樣樂觀積極。一開始，他只是把這歸結為在球場上遇到了困難。他說：「我只是打得沒有很好。」

我們嘗試運用觀想和圖像化技巧，但沒有什麼幫助。

終於有一天，他到喬治亞州參加比賽之後回來，他的表現不佳。他在描述時脫口而出：「拜託，你真該看看那些傢伙有多壯！他們看起來像男人！我打不過他們。」

現在，對於大多數人來說，這可能只是一種青少年常見現象和口頭禪，畢竟每個人都以不同的速度度過青春期。但他說「我打不過他們」的方式引起我的注意。

「那是什麼意思？」我說。

「那些傢伙越來越高大。有時我站在本壘板前，我的身高根本不到他們的胸口。裡面一半的人都長鬍子了！」

「提姆，當你走向本壘板的時候，你就是在想這個嗎？」

「常常。除非投球的是像我這麼小的人，那我就還好。但就連我爸也開始注意到我一直在想這個問題，他總是在看臺上對我大喊：『注意你的揮棒就好！』他以前從來沒有這樣過，但現在我的狀態不佳，他越是插手，越是讓我對所有事情想得更多。」

「提姆，你現在就是這樣看待自己的嗎？就因為他們比較高、比較壯，所以你就比其他球員更小、更弱嗎？」

他結結巴巴的不想承認，最後還是說：「嗯，很難不這麼想啊。」

提姆原本是一個超級有自信的球員，現在卻忘記了比賽不只是關於你有多高大。比賽講究技能、技術和策略，但一旦他失去自信，那些技能也喪失了。

與其試著讓提姆再次相信自己，不再關注其他球員的身型，不如把握這個絕佳的機會，讓他創造一個新版本的自己。一個能成為巨人的另我。

「提姆。你有聽過保羅·班揚（Paul Bunyan）嗎？」

「沒有。」

「好，我要你去查他的資料，明天放學後再打電話跟我說。」我說。

他有點困惑，因為我沒有像往常一樣，馬上幫他解決問題。「嗯……所以今天就這樣嗎？」

「對，明天再說。」

第二天他四點整打電話給我，告訴我關於「大力士保羅．班揚」的故事。

他接著告訴我，班揚是北美民間故事的人物，是一位九十四英呎高（約二十九公尺）的伐木巨人，曾幫助美國早期移民拓荒。提姆說：「他非常強壯，速度非常快，而且非常擅長揮舞斧頭。」

他還說，他找到一些資料上說這個姓氏來自加拿大法語中的「Bon yenne」，意思是驚訝、震驚。「基本上，他是一個**非常**巨大的好人，知道如何做到一些事。」

「棒極了，」我說：「還記得我們以前說過的另我嗎？」

「記得。」

「那麼，如果你用『保羅．班揚』的身份去打擊會怎麼樣？『保羅．班揚』會怎麼看待投手丘上的投手？『保羅．班揚』會和你擔心同樣的事情嗎？他的斧頭一揮就能砍倒一棵超大的樹，你覺得他能把球打出球場嗎？」

和這些年輕選手合作的最大好處是，他們距離小時候玩「假裝我是……」遊戲的時光只有幾年而已，他們能任憑自己的想像力馳騁於各式各樣的想法之中。透過電腦螢幕，我可以看到提姆的肢體語言有了一些改變，開始變得比較像以前的他。

我們繼續討論他可以如何利用保羅．班揚，把「小提姆」留在場外。「那我可以讓保羅接手嗎？」他問道。

「為什麼不行？你都已經讓別人接管了你的揮棒和你的心態，為什麼不試試其他人呢？」我回答。

他很願意玩玩看。

就像我們觀察目前你在平凡世界中表現出來的所有方式（行為、思想、情緒和特質），你也要確定另我將如何出現在你的非凡世界中。我們有很多方法可以做到這一點。如果你心目中已經有了另我或祕密身份，那麼使用本章的幾個層次來精鍊和完善它。如果你還沒有另我，也沒有問題，你將能夠從頭開始創造你的另我，然後在接下來的章節中，可能找到具備這些特質的靈感來源。當然也不一定，這沒有任何規定。就算你都沒有用到我們列出的任何靈感來源，還是能創造出一個全新而獨特的自我。

我曾經和一位女士聊過，她非常想成為「厲害的廚師」，但又不覺得這是她的專長。「我喜歡烹飪時迸發的創意，但我認為你要不就是很有天分，要不就是完全沒有。」我沒有帶她進入任何療程，因為我能感覺到她的猶豫是來自於某些人說她廚藝很糟糕，再加上我根本沒有資格做心理治療，我只是建議她帶著名廚茱莉雅．柴爾德（Julia Child）進廚房，看看會發生什麼事。她告訴我她很喜歡茱莉雅．柴爾德。「那為什麼不用她呢？」我問。

她想了一會兒，說這是一個有趣的想法，但認為「可能不適合她」。這還不是故事的結尾，我稍後再講。

在前一章中，我們已經開始從表面揭示你的另我，並定義它的超能力。在本章中，我們將更深入挖掘，並為它增加更多深度。你能做得越生動，就越有可能出現在賽場上並獲得勝利。

在我的事業剛剛起步，遭遇到困難，然後開始用「理查」做為我的另我之後，我不必停下來思考我想要如何表現。我沒有考慮過理查的想法、情緒、信念和價值觀是什麼。我不需要像陶德那樣擔心和害怕，因為在創造過程中，我抽取了一些靈感來源，我知道理查會怎麼出現。

如果你已經有了某個想法，要把某人或某物當作你的另我，那麼你可以從以下兩個練習中，選一個來做。第一，就像你正看著另我出現在賽場上，然後回答問題。這就是「觀察者技巧」，你只要觀看或想像他們會做什麼、說什麼、想什麼或感覺什麼。第二，把自己當作另我來進行練習。這就是「沉浸式技巧」，你要**以另我的身份思考**這些問題。這是一個很好的訓練方式，讓你和另我一起玩。

還有一件事，也對很多探索另我的人有幫助，那就是像提姆一樣，去閱讀另我的資料和採訪，並觀看另我的影片來觀察他們的行為和習慣。如果你選的是書中的角色，就讀這本書；如果是一種動物，找出更多這種動物的資料和英雄特質。

比如說，如果你選擇了歐普拉，讓自己沉浸在她的世界裡。細節能讓想像力活躍起來。

因此，為了幫助你開始，讓我們開始拆解另我效應模型的層次。

第一層：你如何現身

你希望另我擁有哪些技能、知識、行為、行動和反應？這可以是你用自身存在控制整個場面的能力，也可以是用簡潔有魅力的方式表達一個觀點的能力。

我的一個客戶拒絕學習財務知識，但如果你要經營價值一百萬美元的企業，這可是個嚴重的障礙。畢竟，商業是一場用數字來得分的遊戲。他不願意去學習這項技能，而是乾脆不看收入和支出，也不關注現金流。

當然，他可以讓其他人管理和處理公司的資金，但做為老闆或執行階層，如果你完全無視財務現實，就會限制你大幅獲利的能力。透過協商獲得成功，運用利潤獲得成功，藉由理解自己的拓展之路，從而獲得成功。總有一天，你會被人占便宜，可能是達成一筆糟糕的交易，或是協商的條件很糟糕。我的客戶在他所屬領域很有影響力，但他的生意只是過得去而已。

我們沒有拆解他不喜歡數字的原因，我知道這源於他對金錢的根深柢固信念，他來自一個清寒的家庭。取而代之的，我們設立了「財務星期五」，這一天他必須好好關注財務部門，包括參加所有財務會議。不過出席這些會議不是他，而是他的另我——一個熱愛財務，勤於處理細節和數字的另我。

當我們審視你的平凡世界時，觀察的是你當前的一些行動和行為，以及你在賽場中得到的結果。現在我們想看看你的另我在賽場上，在聚光燈時刻中是如何表現的。

你的行為和行動是什麼呢？例如在協商時，身體前傾可能代表一種咄咄逼人的姿態，而身體後傾可能表示漠不關心。如果你說話清晰而冷靜，這就能看出你有自信，能掌控局面。有哪一種行為或性格特質比其他的更好嗎？不見得，這要取決於你的意圖。

重要的是你希望另我如何出現。如果你想讓另我以一種權威的態度心平氣和的說話，那麼這就是你想讓另我出現的方式。如果你想讓另我擁有興奮、活潑、充滿渴望的超能力，那麼這就是他們出現的方式。當然，這主要是受另我的來源或靈感的影響。在工作面試中，伊隆．馬斯克（Elon Musk）的表現，一定與林肯、艾倫．狄珍妮、西蒙．高維爾（Simon Cowell）、歐巴馬或歐普拉不同。

你的另我會表現出哪些行為？它將如何行動？它的姿勢會改變嗎？氣勢會不會不一樣？臉部表情會改變嗎？我有一個客戶是ＮＢＡ球員，當他面對對手的時候，他的目光會稍微斜視。這是用來讓自己閉上嘴的小技巧，這樣他就不會說髒話。他會這樣盯著他們看很長一段時間，直到對方打斷這樣的凝視——他想讓他們感覺不自在。

想想你的另我可能有哪些肢體方面的習慣動作。這不是必須的，但有些人會把它當作一種錨定自己的方式。習慣的肢體動作，可以是一種正面特質的表現。比如，卡萊．葛倫拿威士忌杯有特定的方式，這讓他覺得自己更優雅——如果「優雅」是他想要的特質，那麼這就是他表現的方式。如果有人在會議中對你說了一些話，通常你會魯莽的馬上回擊，事後才後悔不已，那麼你的另我是否會稍做停頓，只是冷靜的回應「讓我想一想」、「真有意思」或「讓我看看我的行程表，之後再回覆你」？如果在會議中有人問了一個問題，平常你從不發言，你的另我會主動大聲說出來嗎？

如果有必要，回想一下你在平凡世界中的聚光燈時刻裡，過去都是採取哪些行動，然後再想想，你想讓另我採取什麼樣的新行動。或者，如果你已經知道你要用誰或什麼當作另我，那他們的一些習慣動作是什麼？

你也可以考慮其他的外表特質，比如另我看起來是什麼樣子？有一次我問一位創業家，其他成功的創業家是什麼樣子時，他告訴我，他們都穿著得體，剪裁考究。這就跟我想像的樣子不同，因為我認識很多成功的創業家都穿著T恤牛仔褲或短褲。但我的意見沒有任何分量，因為是我的客戶在創造他自己的世界，在他的世界裡，創業家總是穿著很體面。

在你的世界裡，你的另我穿著是什麼模樣？有沒有特定的單品，比如帽子或圍巾？有沒有哪一種穿衣風格會讓你很快聯想到你的另我？幾年前，我坐在機場候機廳翻閱雜誌時，看到了一張照片，上面有四個穿燕尾服的男人，其中一個男人引起了我的注意，因為他的西裝袖口折起，比其他人的短約兩英寸，這相當引人注目，令我相當驚訝。我喜歡這種感覺，所以我也採用這方式。那個人是誰呢？傳奇歌手法蘭克·辛納屈（Frank Sinatra）。當我看到穿著西裝的辛納屈時，我看到了自信和風度。

想想另我的儀態，他們的舉手投足是什麼樣的？馬克·庫班（Mark Cuban），一個直言不諱的創業家、達拉斯小牛隊的老闆、電視節目《創智贏家》（Shark Tank）的班底之一，在節目中總是以非常放鬆的姿勢靠在椅子上。有時，當他對某人的想法感興趣時，他會向前傾身。丹尼爾·克雷格在扮演詹姆士·龐德時，走路時就會挺起胸膛，昂首闊步。

下頁是一張特質列表，你可以參考與採用。

第二層：你是誰

在這個層次裡，你要深入到態度、信念、價值觀、見解和期望的空間。

「我的另我**認為**＿＿＿＿＿＿＿＿。」

「我的另我**認為**他是一個迷人的作家，他所有的故事都很吸引人，讀者對他創造的一切都很興奮。」

「我的另我**認為**她在臺上是一個具有強大影響力的演講者。她的存在就足以吸引並感動所有

適應性強　喜歡冒險　充滿深情　警覺的　野心勃勃

善於分析　充滿感恩　大膽　平靜　謹慎　穩重　迷人

自信　擅於合作　有勇氣　有禮貌　有創意　好奇

果決　善交際　有紀律　謹慎　隨和　有效率　有同情心

熱情洋溢　外向　外表浮華　輕浮　集中　友善　有趣

慷慨　溫柔　快樂　誠實　可敬的　熱情好客　謙卑

理想主義　有想像力　獨立　勤勞　無辜　鼓舞人心的

聰明　內向　公正　和善　忠誠　成熟　仁慈　一絲不苟

自然　專注力高　擅於照顧人　服從　客觀　細心

樂觀　有組織的　充滿熱情　有耐心　愛國　沉思的

敏銳　持續　有說服力　哲學的　好玩　內向　積極主動

專業　合乎道德的　保護欲　古怪　足智多謀　負責任

明智　重感官的　易傷感的　樸實　有社會意識的

有教養　靈性　自動自發　生氣蓬勃　好學　給予幫助

有才華的　節儉　寬容　傳統　信任　無拘束的　無私

異想天開　健康　明智　機智

觀眾。」

現在，讓我們把「認為」這個詞改成「**知道**」。進行簡單的替換後，重讀這些句子。

「我的另我**知道**她在臺上是一個具有強大影響力的演講者。她的存在就足以吸引並感動所有觀眾。」

「知道」和「認為」之間有很大的區別，我希望你**知道**你很棒。

布萊恩在一家大型保險公司工作，雖然他有很多不錯的想法，但他從不說出來。他認為自己性格內向，在董事會中經常因A型人格的暗示而感到膽怯，這很大一部分是來自於他哥哥的欺負。然而，他的另我是《驚奇四超人》（*The Fantastic Four*）中的驚奇先生（Mr. Fantastic）。這個另我不僅改變了他的行為，甚至改變他的想法。「我有很多好點子要分享，而每個人都想聽聽。」布萊恩的另我，傑出的科學家李德．理查斯（Reed Richards）[12]，絕不會認為他不應該分享自己的想法。

---

[12] 在《驚奇四超人》中，驚奇先生和李德．理查斯為同一人。

你的另我對自己的看法是什麼？或你的另我認為自己是什麼樣的人？他們對自己所在的賽場有什麼看法？

當你思考你的另我的時候，想想它會認為自己是什麼模樣，這個世界又是什麼模樣，這個世界裡可能包括其他人。如果你正在和潛在客戶開會，或試著成交一筆交易，對方會怎麼看待這個另我？你的另我會這麼認為：「他們迫不及待要和我合作。」或是在上臺之前會想：「觀眾絕對想聽我講話。」

你對歐普拉的看法，一定和你對獅子、林肯或馬拉拉的看法不同。

你也可以想想另我的價值觀。我們有上百種價值觀，在你的賽場裡可能對你有利，也可能對你不利。公平、正義、財富、快樂、家庭、友誼、忠誠和權力都是價值觀，這些價值觀可能幫助或阻礙你的另我，取決於你在聚光燈時刻需要它如何表現。

這是一個沒有批判的世界，價值觀沒有好壞之分，只有「幫助你表現」的價值觀和「阻礙你表現」的價值觀。權力是一種價值觀，有時它是健康的，但有時候，過於重視它會讓你感到孤單和被孤立。

你也可以想想看，你的另我會有什麼想法。如果你不確定，試試這個：你的另我永遠不會有什麼想法？如果你確實讀完平凡世界那一章，意識到你現在的想法是：「我無法說服投資者，和他們達成交易。」那麼你的另我會想：「我總是可以說服投資者，讓他們同意這筆交易。」

再次提醒，所有這些問題、層次和例子，都不是使用另我效應和從中受益的必須條件。很可能你在生活中，曾在某個時刻使用過類似的東西。現在我只是給你一些鑰匙，讓你開啟更強大的系統。就像通向城鎮中心的街道有很多一樣，有許多方法都可以幫助你連接這個概念、使用它，並將你的英雄自我帶到賽場上。

包裹

我與那位有抱負的、渴望找到內心深處的「茱莉雅．柴爾德」的廚師交談過後，大約過了六週，某一天晚上我回到家，發現有一個包裹在等著我。包裹上的名字我不認識，但我還是打開看看裡面是什麼。打開紙箱後，裡面是一個包裝精美的禮品盒，上面還貼著一張便條紙。

我把紙條從緞帶上扯下來，上面寫著：「你是對的。——茱莉雅。」

盒子裡裝滿了我吃過最好吃的巧克力布朗尼。我真希望我早點產生這個想法，要人們去挖掘他們內心的茱莉雅．柴爾德。

建立另我的更多練習

這裡有一些是我過去與客戶一起使用，幫助他們更清楚認識自己的另我的練習。你可以挑一個，或全部試試看，或許會啟發不同的想法。

練習1：放輕鬆，想像你看著這個角色從出生到現在的成長過程。是什麼塑造了他？他的行事方式和你有什麼不同？他看起來怎麼樣？說話的方式怎麼樣？使用什麼字彙或詞語？他有什麼感覺？擁有哪些技巧和能力？

練習2：想像你自己在實驗室裡創造這個另我。你要加入什麼，抽走什麼？我的一個客戶藉由想像他的雙胞胎兄弟來做這個練習，他們一出生就被分開了。他的弟弟就像在一個智慧的黑洞裡，學會了這項運動所有最厲害的技能。當我的客戶想以無限智慧的泉源出現在賽場上時，他就會進入他的另我。

練習3：寫出你和另我之間的完整對話。我讓一個客戶假裝她和另我被困在電梯裡，除了彼此之外，沒有其他人可以交談。我請她想像自己問另我，在比賽前她的心態是怎麼運作的。她如何看待競爭對手，還是另我非常有自信，根本不在意或考慮競爭對手？另我會擔心什麼嗎？另我在爭取什麼？她觀察另我：她看起來是什麼樣子？她的儀態如何？行動舉止是什麼模樣？她有什麼表情？然後我問她，她們從電梯裡逃出來後，她會怎麼向朋友描述這個另我？

二〇一四年，歐普拉在史丹佛大學商學院發表演講，鼓勵畢業生尋找工作的目標和意義。她鼓勵他們在困難的時期尋找盟友來幫助他們，就像她最好的朋友蓋兒·金（Gayle King）、史帝曼·葛瑞漢（Stedman Graham），以及其他人為她做的那樣。但在談到自己力量的來源時，她也說了意味深長的話：「我來時獨自一人，卻有萬人隨伺在側。當我走進某個地方……我會坐下來，呼喚那一萬個人。」這來自瑪雅·安吉羅（Maya Angelou）的詩〈我們的祖母們〉（*Our Grandmothers*），但她所說的力量來源，你會在下一章中看到。

Chapter

13

為什麼需要起源故事？

想像一下，你正坐在咖啡館外頭，啜飲著卡布奇諾、茶或任何你味蕾渴望的東西，這時看到一個瘋狂的老人在街上奔跑，追逐著一顆紫色的氣球。你會有什麼想法？

「真是個瘋老頭。」

現在，再想像一下⋯⋯

你在同一家咖啡館，拿著自己喜歡的飲料坐下，一位老先生坐在你隔壁的座位，他有一顆紫色的氣球。你開始和他交談，詢問他為什麼把氣球綁在手腕上，然後他開始訴說他的人生故事。他從小認識一個充滿活力和冒險精神的女孩，他們的想像力都很豐富，立刻結下了不解之緣。這個女孩把一間廢棄的房子變成了她的遊戲室，他們兩人會在那裡待上很長的時間，策劃一些惡作劇，玩一些辦家家酒的遊戲。

他們長大之後結了婚，修繕了那棟廢棄的老房子，把它變成了他們的家。他們始終沒有孩子，也一直沒有存夠錢，可以像他們夢想的那樣去環遊世界。儘管經歷了各式各樣的事情，他們仍然期待有一天能造訪那個夢想之地。每個星期，他們都會為這場旅行存下每一分錢，但總會有些事情阻礙他們——生活、責任、帳單和需求。遇到這些狀況時，他們會打破「夢想基金罐」，把它倒空，然後重新開始。許多年過去了，他們這對既是伴侶也是最好的朋友一起變老。老先生繼續告訴你，他**終於**計畫好了這趟魔法之旅，要給她一個驚喜，他們終於可以開始「偉大的冒險」——

此時，你已經陷進去了，沉浸在這個老先生的故事中，你希望他太太趕快帶著她的茶走過來，這樣你就能認識她了。

然後，他告訴你他太太已經去世了，留下老先生一個人在他們的大房子裡。（這讓你熱淚盈眶，哽咽不已。）

現在，他決定在綁一大堆氣球在房子上，讓氣球帶著他們一起生活過的房子離開地面，一直飄到他們夢想中那個地方。在那裡，他就能夠實現他們一生的夢想，並讓她知道他終於做到了。他手裡拿著的紫色氣球，是他實現夢想的最後一顆氣球，準備開始這場冒險之旅。

這時候，如果那顆紫色氣球鬆開飄走了，他起身去追它，你會有什麼反應？難道你不會想：我絕對不會讓那顆氣球跑掉的。

為什麼？

因為老先生和氣球有情感連結，這當中有個故事。現在它也**連結**到你身上了。

如果你還沒想到，這是皮克斯動畫工作室的電影《天外奇蹟》（*Up*）的開場。這對情侶是卡爾和艾莉，他們希望能去他們的夢想之地——天堂瀑布。這是我最喜歡的電影之一。

每個英雄都有一個起源故事。這個故事講述了他們如何變成今天的自己，他們是如何被賦予超能力的，以及內心有什麼驅使他們打敗敵人——包括外在世界和內心世界的敵人——以及為了實現他們的非凡世界，他們要完成什麼任務。

雖然電影《天外奇蹟》的開頭令人揪心，但了解卡爾的背景故事，也為電影的其餘部分奠定了基礎。現在我們知道他為什麼要在房子上裝數千顆氦氣球，然後遠航尋找天堂瀑布，完成他答應太太要一起進行的冒險了。知道卡爾的故事後，我們現在也明白了是什麼在激勵著這個脾氣暴躁的英雄，使得我們的情緒受他的故事牽引。

我們陷進去了，我們同情卡爾。為什麼？因為在某種程度上，我們在他身上看到了自己，我們知道生活的責任讓我們離夢想越來越遠是什麼感覺；我們知道計畫和為將來存錢是什麼感覺，到頭來卻發現我們夢想的「將來」已經消失了；我們知道像卡爾和艾莉一樣夢想破滅是什麼感覺，他們始終沒有孩子，也沒有去旅行；我們知道心碎是什麼感覺；我們知道感到絕望痛苦時，明明只看到一絲光明，仍然心存希望也許可以扭轉局面是什麼感覺。我們為卡爾歡呼，因為他鼓起了勇氣，聚集了力量，他的決心正被考驗著，打算把他和艾莉建造的家搬到天堂瀑布，完成一生的夢想。

我們為這位英雄歡呼，因為他的故事觸動了我們的心弦。

讓我們實話實說吧，在我們的日常生活中，必須處理一大堆鳥事，我們會遇到挫折、煩惱和不可預見的各種情況。敵人因此茁壯，因為這是絕佳的機會，可以把你拉進平凡世界，分散你的注意力；或讓你懷疑自己，逃避自己真正的渴望。你的敵人就在旁邊來回遊蕩，試著偷走你賽場上的榮耀。

然而，你的另我可以把你拉回來，並建立一個強而有力的護盾來防禦敵人。另我的起源故事，就是我們使用的工具之一。

所以，我想問你的問題是，你的另我的驅動力是什麼？是什麼促使你的另我勇敢面對敵人，並在每一個回合都擊敗它？

你要尋找的驅動力，通常來自於另我的起源故事。就像你自己活出了一個故事，現在我們要和一個新的、更關鍵的故事連結起來，你的另我將會活出這個故事。

透過故事找到另我

我剛坐上計程車不到三十秒，就收到了一則訊息：

「嘿，陶德。我是米契。很高興今晚能和你聊天。我想跟你約見面，看你能不能幫我，讓這次轉職能順利成功。」

「當然。星期三中午好嗎？」

「沒問題。在我辦公室見，我們點些東西來吃。」

「好。」

我和米契是二〇一一年在紐約一次小型晚宴上認識的，當時還有另外四個人。我和一個朋友輪流主持這樣的小型聚會，邀請來自金融、科技、藝術、娛樂、慈善、商業，當然還有體育領域的人士，讓人們互相認識，進行很棒的對話。這次晚宴正好輪到我的朋友傑森．蓋納德招待客人，他是這方面的大師，甚至寫了一本關於這一過程的書。

晚餐時，我坐在米契旁邊，他在華爾街建立了成功的事業。我們因為對運動的熱愛而投緣，他不斷追問我的提升表現技巧和心理遊戲。我可以看出他提出這些問題，是為了幫助他釐清新的人生階段中的不確定性和波動性。他最近剛從待了多年的職位上離職，要在一家大型金融公司裡領導一個新的業務部門，而這需要一套全新的技能和領導能力。

我們交換了名片，並約定很快再聯絡。那天晚餐到深夜才結束，我們向新朋友們道別，我走到街角叫了一輛計程車，就在這時和他互傳訊息對話。

我們共進午餐時，我帶他做了我對所有新客戶都會做的評估，很明顯，另我就是我會用來幫助他的工具。我向他解釋了這個概念，然後問他：「有沒有哪個人的領導能力，是你真的很敬佩和尊重的？」

「這很簡單。我的 Bubbe。」

我從來沒聽過這個詞，所以我問：「Bubbe？」

「這是猶太語裡『奶奶』的意思。我奶奶是個不可思議的女性，她是我生命中最鼓舞人心的榜樣。」

米契接著告訴我，他的奶奶在波蘭長大，在那裡結了婚，生了四個孩子。當二次大戰爆發時，她的家庭被拆散了，她的丈夫和兩個比較大的兒子都被帶走了。她丈夫沒能活下來，但戰爭結束後，她奇蹟似的找到了失散的兩個兒子。最後，她把他們帶到加拿大，最後到了紐約，與其他同樣移民美國的親戚團聚。由於戰爭，除了八十四美元和頑強的意志——她幾乎一無所有。

她在曼哈頓下東區的一間小公寓裡養家糊口，「拚命工作，用愛灌溉孩子們，但也有嚴格的家庭規矩。」

「我爸爸會跟我說關於『舊鋼杓』的故事，那是少數幾樣從歐洲帶過來的東西之一。她把它掛在公寓的兩扇小窗戶之間，如果他們不守規矩，她就用它來威脅他們。爸爸說：『沒人想讓那東西離開牆壁。』」

他繼續說：「奶奶養育了四個非常成功的孩子。兩個是醫生，一個是房地產開發商，而我爸爸是大學教授。」

他越談論她，他的整個身體狀態就改變越多。他帶著微笑，你可以看出他對自己來自那段歷史感到非常自豪。我看著他，說：「米契，我們找到你的另我了。」

我帶他走我們在本書中已經走過的整個過程，發展他的另我，最終選擇一個「神器」來代表他的另我。（我將在第十四章解釋這一點。）

至於另我的名字，他始終沒有告訴我。他很清楚那是什麼，然而他想保密。它的核心超能力是力量、勇氣和信念。他用奶奶的起源故事和她所面臨的挑戰，激勵自己在新的職業生涯中繼續前進。

在最後的任何一章中，你可能已經找到並與另我的動機有所連結了。關於你選擇誰或什麼、為什麼選擇它，有一個故事深植於你的心中，這有助於你啟動這個英雄自我。有些人覺得他們選好了另我，但當他們在一個更有共鳴、更有意義的故事中發現另一個角色時，他們就改變了想法。再說一遍，這沒有對錯之分，只要適合你就好了。

如果你不確定你的另我的身份，那麼想想現實生活中的人，或電視電影、書籍漫畫中虛構人物的故事。有什麼故事特別吸引你嗎？為什麼？這個故事有沒有撥動你的心弦或讓你著迷呢？

如果你的腦海中沒有任何故事，試著閱讀你所屬領域中的成功人士資料。傳記和自傳是絕佳來源，可以了解某個人的故事，而且可能與你的情境密切相關，然後**砰**！你的另我出現了。

大多數時候，最簡單的起源故事，才是最強大的。

起源故事填補了空白，解釋了你的另我是從哪裡來的。這個故事會解釋它是怎麼發展出超能力，為什麼需要這些超能力，以及它們要對抗什麼。

如果沒有故事，你可能就沒有與另我的情緒連結。建立和使用一個另我不只是一種智力練習，而是關於如何改變你在聚光燈時刻的表現方式──這是你進入非凡世界的唯一途徑。起源故事幫助你抓住另我的身份，沉浸其中，並透過它來行動。

記住，這不是「假裝」。單純假裝是其他人，對大多數人來說都是失敗的方法。這是關於融入角色，就像先前對兒童的研究一樣，在面對困難的謎題時，代入蝙蝠俠或探險家朵拉身份的孩子的成果，比那些只是假裝的孩子更好[1]。

核心驅動力

在賽場模型中，有一系列核心驅動力，當你認同它們時，它們就會深深的激勵並「驅動」你以某些方式思考、感受和行動。它們也帶有故事的層次，因為它們帶有敘述，並定義了成為其中一部分的意義。

在第三章中，我在第一層中列出了影響你世界的核心驅動因素。最常見的一些是：家庭、社區、國家、宗教、種族、性別、特定族群（警察、軍人、農夫、原住民）、想法、事業……

它就是任何與你有所連結的、比你個人更大的因素。

基於某種原因，某些特定的起源故事，就是比其他故事更容易引起情緒共鳴。這些故事背後有一股推動力，類似你創造另我的「使命」。例如，當我與奧運選手合作時，許多起源故事都與他們的文化或國籍有關。有些運動選手知道自己是被選中之人，要代表他們的國家，就會改變自己的表現。他們的驅動力是要讓自己的國家驕傲。參加奧運的榮譽，會改變一些選手腦中和心中的故事。

我在幫助奧運選手時，總會探索看看是否需要提高或（有時是要降低）民族自豪感。對某些人來說，「代表自己的國家」這樣的故事會讓他們內心崩潰，壓力變得太大；有時候，某些選手對自己的國家毫無關心或依戀之情；也有時候，某些選手是想讓家鄉感到驕傲，或是讓家族感到驕傲。

幾年前，我和一個來自北歐國家的冬季兩項運動員合作，經歷了幾次失敗後，我們才終於找到他有連結的「驅動力」。如果你對這項艱苦的運動不熟悉的話，冬季兩項是結合越野滑雪和射擊的比賽。選手要套上一雙寬度不超過七公分的滑雪板，背著步槍，穿過平地、上坡、下坡，然後衝進射擊區，在短短幾秒鐘內，拿起步槍，從五十米遠的地方，射向一個直徑不超過四．六到十一．四公分的目標！什麼叫高難度運動，試試這個。這些運動員令人佩服！

回到我們的冬季兩項運動員。一開始我以為可以運用他的國家做為驅動力，讓他進入心流狀態。但我錯了。我們越談論他的國家，越把它做為驅動力來源進行試驗，他的表現就越平庸。它沒有「加速他的引擎」，所以我們不得不修正錯誤，還好我們後來確實修正了，因為無意中提及了他家族的故事。他出身於冬季兩項運動員的家族，在二戰期間穿越崎嶇的北歐地區時，他的許多家庭成員被派去當偵察兵和間諜，其中一些人在戰鬥中犧牲了，另一些人則因為他們的勇敢而被授予勳章。他在家族的起源故事中找到了另我的驅動力，這給了我的客戶極大的自豪感，以及代表家族的意義。這些家族成員成了一群戰士，當比賽變得艱難時，他就把這群戰士當作自己的另我，發揮出更好的表現。

這是他的另我起源故事的核心。

如何創造另我起源故事

與現有的故事保持一致是最簡單的方法，我通常建議客戶從這裡開始著手。帶著你的另我，尋找他們的起源故事。

儘管已一再強調，但以防萬一我還是再說一次，這樣才不會產生誤解：確保你選擇的起源故事是與你有所連結的。如果蝙蝠俠是你的另我，而你使用他的起源故事，那麼你最好確定你與他的背景故事有情緒上的連結。也許，就跟蝙蝠俠一樣，你年輕時經歷過一些創傷，所以你對他要「撥亂反正」的深刻決心產生了共鳴。或者你有共鳴的是他的榮譽感和默默無聞的善行，甚至是他穿的服裝代表著他最害怕的東西。

我曾經有一個客戶，用蝙蝠俠幫助她從行銷相關領域轉換到戲劇相關領域。她因為害怕失敗，所以逃避她這輩子最想做的事情，她不允許自己去追求。因此，就像蝙蝠俠一樣，她面對恐懼，結合了他的故事，走進了一個非凡世界。

「一開始很艱難。放棄累積十四年的辛勤工作和成功事業，感覺很瘋狂。但如果從來沒有回答過『如果……會怎樣？』豈不是更瘋狂？我從高檔餐廳的昂貴晚餐和紅酒，變成在家裡吃披薩和外賣。但我想，我只是像克里斯汀．貝爾（Christian Bale）在《蝙蝠俠：開戰時刻》（*Batman Begins*）中扮演的角色那樣，在歷經準備期。說實話，我從來沒有這麼開心過。但如果不是我的祕密身份帶著布魯斯和蝙蝠俠的自信參加海選，我是不可能做到的。」

一個單親媽媽怎麼找到內心的火焰

瑪姬是個創業家，也是一名單親媽媽，她在倫敦努力工作，撫養兩個孩子。她由一個作家鼓舞人心的起源故事，找到了自己的另我，這個故事反映了她自己的奮鬥。

當我們開始合作時，她害怕把自己呈現給全世界。她的生意做得還不錯，只是沒有得到巨大的成就，也沒有產生她希望造成的影響。她是在採取行動，但規模很小。規模小不是什麼壞事，如果這是你的目標，而且對你來說這樣是足夠的，那就沒問題。但對瑪姬來說還不夠。她有宏大的夢想，渴望發展她的事業，也有很多的想法，要擴大自己的影響力，但她並沒有把自己做的專案貫徹到底。

在她訴說她的故事時，我腦中一直想著，她的故事聽起來很像J．K．羅琳的故事。一個非常貧窮的單親媽媽，她和女兒靠政府的補助金生活，在咖啡館裡寫出第一本《哈利波特》[2]。她第一次投稿就成功了嗎？當然沒有。在終於有出版商買下這份書稿之前，她被拒絕了十二次[3]。而在《哈利波特》暢銷後，她用筆名寫了下一部系列小說，還是被拒絕[4]。

「妳沒有理由不能成為下一個J．K．羅琳。」我告訴瑪姬。「在成為史上最暢銷的作家之前，她也曾遭到拒絕。妳也可以創造和發佈妳的內容，誰在乎它被拒絕了多少次，因為最終妳會贏，妳會堅持下去，因為這就是妳。妳是一個戰士，妳從不放棄，妳正在努力為孩子創造更好的生活，而且妳有一些特別的東西要分享給這個世界。」

我這番話得到的回應是安靜的抽噎，我知道我觸動了她的內心。就像電影《天外奇蹟》觸動我們一樣，當我們內心產生情緒共鳴時，我們會知道。瑪姬感到了真實之光，她在羅琳的故事中看到了自己和自己的故事。

瑪姬選擇了J．K．羅琳做為她的另我，並將自己的起源故事和這位知名作家的故事結合起來，創造了一種深刻的驅動力，讓她在自己的賽場（創業）中有更大的發揮。她的另我會說：「我可能會經歷很多次拒絕，因為每個人都是這樣的。但我會繼續下去，我不會放棄，因為我內心深處有個東西，拚了命的想衝出來，我要去聆聽它。」

J·K·羅琳的故事引起了瑪姬的共鳴，所以選擇羅琳做為她的另我，是很容易的選擇。她必須選擇羅琳嗎？當然不。她可以選擇一個不同的故事，然後把羅琳的故事加進去，創造出起源故事需要的情感魅力。

如果你要運用任何人或東西的起源故事，確保你和它有情緒連結。電視、電影或書籍可以為你提供豐富、深刻、有意義的起源故事。你唯一要做的，就是找到那個跟你有連結，你的內心深處產生共鳴的故事。

為你的另我創造一個精彩的起源故事，是為了知道什麼東西能驅動它。與先生共同經營汽車維修店的瑪麗安發現，在她另我的故事中，主要的驅動力是她渴望向女性展示，她們可以在男性主導的環境和行業中獲得成功。她的故事起於她和先生加入商業與貿易協會，並開始參加活動。「我去參加這些活動時，全場可能有兩百五十人，而我是當中僅有的兩、三個女性之一。我還記得一開始我想，哇，這真的太讓人害怕了。」

瑪麗安不願意繼續當只能從遠處觀望賽場的壁花，於是她鼓起勇氣，開始向男人們自我介紹，並開始和他們交談。「我必須發言，因為那些男人認為我只是在幫助和支持我先生的生意。他們沒有意識到我們是平等的夥伴。」

最近，瑪麗安從單純的汽車維修店，轉而開了一家幫助小企業發展業務的顧問公司，提供客戶更好的服務。

「我想成為其他女性的榜樣。」瑪麗安告訴我：「因為我知道，這個行業裡有很多女性需要支援和認可。我希望其他女性看到我站出來，這樣她們就能知道自己也可以站出來，她們會意識到，她們可以為自己所屬的行業和社群提供有價值的東西。」

每個另我都有一個驅動力，到你的內心深處去尋找你的。你覺得你的另我被召喚去承擔什麼重大使命？它或許不是要服務大型的社區，而是比較小規模的，像是你的家庭。

驅動力也可能出於個人原因。瓊安將她生活中的故事和她生活中某些人的故事結合起來，比如她的父親和祖父，創造出了她獨有的東西。瓊安來自英國曼徹斯特的一個勞工階級家庭。她父親來自一個富有的家庭，母親來自勞工階層，當她父親與她母親結婚時，他的家人與他斷絕了關係。他被趕出自己的「部落」，被迫在這個世界上闖出自己的路，在某個層面上，這意味著瓊安和她的兩個兄弟在相當貧困的環境中長大。

「我再也不要當窮人。」瓊安說。這句「我再也不要當窮人」是她另我起源故事的驅動力，至少在我們進一步討論之前，她是這麼想的。她感謝她的另我幫助她走出自己的部落，給了她信心和勇氣去創造一個新的部落。「我是同輩中唯一的女孩，我是唯一沒上好學校的人。大家都覺得女生存在的目的，單純就是打掃房子、煮飯、倒茶……女生不必受良好的教育。所以，我走出去，讓自己接受教育。」

你在看這段故事的時候，會覺得它真的是關於「不再貧窮」嗎？我不覺得，所以我向她提出質疑。

我說：「瓊安，你剛才所說的一切聽起來，比較像是要讓拋棄你家人的人看到你可以成功。沒錯，你不想當窮人。但我覺得關於榮譽的成分更多，榮耀你的父母，向那個家族展示，他們不能踐踏你的夢想。」

她流了幾滴眼淚，哽咽著說：「你說得太對了。」

這就是我希望你擁有的情緒。

你的另我可以是「贊成某事」或「反對某事」或「兩者兼有」。瓊安支持她的父母，反對她父母所受到的對待。而瓊安的成功毋庸置疑，她是個了不起的鬥士。

受到動物的啟發

你可能像茱莉亞一樣，選擇了一種動物做為你的另我，卻不知道如何建構它的起源故事。首先，專注於這種動物吸引你的特質，烏龜對你來說代表什麼？老鷹、黑豹或蟒蛇對你來說有什麼意義？

你可以看看原住民的故事，在這類故事中，動物和自然界是象徵性的，所以可能會有關於動物的文化意涵。我有個來自開曼群島的客戶，他的另我是海龜。它並不邪惡，它去了深海探險，並且存活下來了，而且活了很長一段時間。有些種類的海龜能活超過一百五十年。對我客戶來說，海龜是睿智、無畏、受人尊敬的。在這個例子中，起源故事的根源是他來自哪裡，以及這種動物代表了他想在賽場（企業銷售）中，想要表現出的品質。

他把自己的另我命名為「托爾圖加」。一開始，他只是運用他欣賞的特質，但隨著時間推移，他為托爾圖加創造了一個起源故事。「這是我與這個睿智、冷靜、無畏的自我連結的方式，當我進行時，我以此為榮。」

如果你選擇了一種動物做為你的另我，試著尋找關於這種動物的故事和紀錄片。你知道的越多，就越能發掘出它的超能力。研讀專家寫的文章，看看他們做過的任何採訪或演講，他們的熱情通常都很有感染力。如果你從未看過澳洲「鱷魚先生」史帝夫·厄文（Steve Irwin）一家人談論動物，那你真的錯過了很多好東西，他們可以讓你相信任何事情都是「真的非常驚人」。

即使是童書，也可是以某個人物或動物的絕佳來源，書中有許多賦予人力量、鼓舞人心、非常有意義的起源故事。

你的另我起源故事不一定是小說或史詩，幾個簡短的句子就足夠了，甚至幾個單字都可以，我們只在乎你是否能找到這個另我對你的情緒吸引力。這和我們之前討論過的概念是一樣的，應用另我效應的方法有很多。所以，無論你是建立另我來產生新的觀點，進入一個全新的創意自我，還是幫助你擺脫過去的做法，戰勝過去阻礙你的隱藏力量，起源故事只是另一個方法，幫助你的另我完全甦醒過來。

現在你已經選好了另我，取好了名字，並將它連結上使命和起源故事了。那麼，是時候啟動它了。

Chapter

14

啟動另我的圖騰或神器

一九四〇年，當這個世界在百年內第二度被拖入世界大戰時，「英國鬥牛犬」邱吉爾即將被任命為英國首相。在我還是個加拿大農村的孩子時，我就對他很著迷。因為他領導英國人民和歐洲度過了一段危險的時期，關於他，有一個不可思議的神話和流傳了幾十年的傳說。

我記得曾在一本傳記中讀到，他會用帽子來喚起不同的人格。當他收到電報，通知他即將成為新首相時，他非常擔心自己不能在如此艱困的時期領導這個國家。當他準備去倫敦見國王並接受這個身分時，他站在他的帽子牆前，說道：「今天我應該是哪一個自己？」[1]

在二〇一七年的電影《最黑暗的時刻》（*Darkest Hour*）中，他們拍出了他拿著大禮帽，說出這句話，然後走出門的那一幕。

邱吉爾並不是唯一一個使用某樣物品——我稱之為「圖騰」或「神器」——有意的控制自己表現的人。

馬丁・路德・金恩的視力很好，但他仍然戴眼鏡。如果你熟悉這位偉大的民權運動領袖，你可能會有點驚訝。在金恩博士最常被流傳的一些照片中，你可以看到他戴著眼鏡，然而他戴眼鏡不是為了看得更清楚。他之所以戴眼鏡，用他自己的話說，是因為「我覺得它們讓我看起來更高雅」。現在，你還可以在亞特蘭大機場看到金恩博士的眼鏡在那裡展示。

這裡提到歷史上的兩位大人物，邱吉爾和金恩博士，他們都透過運用另我效應的因素，克服了自己所面臨的挑戰。他們使用了人類想像力的力量——而且都使用了圖騰的力量，來幫忙啟動它，這就是你在完成轉變的最後階段所要做的事情。

象徵的力量

想像你是一個醫生，穿著傳統的白袍，聽診器掛在脖子上。你認為醫生有什麼特點？儀態？

尊重？關懷？同情？聰明？奉獻？

現在繼續想像，你走進一個擠滿學生的禮堂，準備參加考試。你找到你的座位坐下來，開始答題。身為一個醫生，坐下來考試時，你會有什麼感覺？你會對自己說什麼？什麼樣的情緒會充滿你的體內？當別人看到你穿著白袍來參加考試時，你注意到他們的什麼？關於你在這場考試中的表現，他們會告訴自己什麼？

結果是，你很有可能考得更好。

在西北大學凱洛格管理學院的一項研究[2]，研究人員發現，重要的不只是你穿什麼，還有你是否理解它的「象徵意義」。這項研究是觀察白袍對學生注意力和正確性的影響，研究人員做出的結論是：

- 如果這件白袍沒有穿上，或者連結的人物是畫家，學生的注意力不會提升。
- 只有當白袍是（一）穿上的，並且（二）與醫生有關時，學生的注意力才會提升。
- 服裝的影響取決於確實穿上，以及它們的象徵意義。

所以基本上，如果你認為這件袍子是畫家的袍子，那什麼都不會改變。不過，在你穿上「醫生白袍」的那一刻，你的注意力和正確性就提高了。

這種現象叫做「衣著認知」（enclothed cognition）。只有當你理解了這件物品的「象徵意義」以及「穿著這件物品時，會不斷提醒自己它所代表意義」的心理體驗[3]時，才會產生衣著認知。所以在實驗中，白袍的象徵力量會根據你被告知它代表什麼而改變。畫家或藝術家的罩衫讓你更有藝術感，醫生的袍子會讓你更專心，而實驗服就會讓你更謹慎小心。（我們可不希望你炸掉實驗室，對吧？）

在你內心某處，隱藏著一個故事，關於醫生代表什麼、他們的行為、他們的想法和他們的感受。如果我告訴你，只要把你看到的特質（像是鎮定、慈悲、聰明）付諸實踐，這會變得比較困難。但是現在，當我把一個代表醫生的「象徵物」遞給你時，比如聽診器或實驗袍，你就會開始把你認為跟這些東西相關的特徵「穿」在自己身上。這時候，當我告訴你要表現得像個醫生時，你就會更容易表現出他們擁有的特質，並得到任何你覺得跟他們相關的相似結果。

我希望你看得出這件事的延伸影響，以及你將會得到的樂趣。雖然你已經做了很多艱苦工作，找出、建立和創造出你的另我，但現在，你要找到一個圖騰，做為啟動另我的象徵符號。就像邱吉爾、博·傑克遜、大衛·鮑伊、金恩博士、我，還有成千上萬的其他人一樣。

物件和環境的力量

我們生活在一個充滿象徵的世界裡，人類的大腦有一種神奇的能力，可以從幾乎任何事物中創造出意義。任何物件都具有某種意義——無論是文化意義還是個人意義，你的想像力可以對看似隨機的物品創造生動的故事，你可以把情緒、想法、故事和行動跟那項物品連結起來。

因為你和我來自不同的背景，所以這些東西對我們來說有不同的含義：拖拉機。棒球。禿鷹。警徽。圍裙。國旗。書。眼鏡。海邊。

我還可以繼續說下去。就拿一副簡單的眼鏡來說吧，金恩博士認為眼鏡讓他看起來更高雅，我用眼鏡讓自己變得更「自信、果斷、表達清晰」。一位有名的NBA客戶用眼鏡來讓自己「在場外表現得更加溫文儒雅，就像克拉克·肯特」，並把它當作「保護私人生活不受大眾傷害的盾牌」。一個物件，可以有多種含義、多種目的。

你有沒有看過有人遺失了某樣東西，結果整個人發狂？對你來說，那東西似乎沒什麼，但對他們來說非常重要，它「象徵」某種意義。拿最常見的情況來說，我們都見過有人因為丟了手機而發狂，對吧？因為他們認為失去了智慧型手機，就像他們被這個世界排除了一樣。

這是因為手機代表著我們的關係、聯絡人、工作、用照片和對話留下的記憶。它也代表著我們的安全——如果有人撿到手機，然後駭進你的資料，那怎麼辦？在現代社會中，似乎沒有什麼東西能比智慧手機有更多重的意涵了。

當我做關於「最佳表現」或「獲勝的心理遊戲」的演講時，我談論的是象徵的力量。我最受歡迎的演講橋段之一，會使用四個披著毯子的人體模型。我會一個接一個的向觀眾展示每一個模型。第一個是穿著警察制服，然後我會轉向觀眾，問：「看到警察制服，對你的意義是什麼？」

接下來，我會揭開每個模型的毯子。一個穿軍裝，一個是穿醫生袍，最後一個是超人或神力女超人。

每揭開一張毯子，我都會轉向觀眾，問他們這件制服的意義是什麼。我會請大家「用一、兩個詞大聲喊出答案」。然後我會聽到五花八門的回答。這些制服對每個人來說，都象徵著不同的東西，但通常都有個一致的主題。正如我解釋的那樣，沒有正確或錯誤的答案，每位觀眾給出的答案都是正確答案。

然後我會請觀眾到臺上，讓他們穿上其中一件制服，成為那套制服所代表的身份。然後我會問他們的感受，以及他們可能如何處理他們目前面對的挑戰。這些觀眾總是會給我正面的答案，他們覺得自己可以更有自信的處理他們的推銷電話、談判、丈夫、小孩，或其他任何在他們生活裡發生的難題。

為了讓練習更有趣，我會請他們表演一下，他們會怎麼走路，儀態是什麼樣子，站著時是什麼樣子，以及他們臉上的表情。基本上，就是穿上制服後會有哪些行為舉止。這時觀眾們都會笑得很開心，但重點是要向大家展示，在我們的生活中，從一個角色轉變到另一個角色可以多麼迅速。舞臺上總會發生一些強大的變化。有一次，一個被欺負多年的小女孩，穿上神力女超人的服裝後，走到舞臺右側，對著一群她想像中站在那裡的女孩，把她們的名字大喊出來。

她後來甚至說：「如果我在學校這樣做，她們可能會打我。但我不在乎，因為神力女超人可以搞定一切。」

還有一次，我對一家大型保險公司的銷售人員演說時，一個男子穿上軍裝後，拿起一個想像中的電話，把他整個推銷腳本完美的講了一遍。當我們拆解這段經驗時，他說：「感覺我可以不用擔心被拒絕，因為海豹部隊隊員根本不會在意這種事。」他繼續告訴我們：「以前我從來沒能講完腳本，一次都沒有。因為我太情緒化，總是會忘記某些部分。現在我知道我有能力做到了。」

當我們採用一個新的身份時，對於可能發生什麼事情的概念，改變的速度之快，真的很不可思議，正如你在前面內容中看到的各種研究和範例。現在，有了像圖騰一樣的「象徵」之後，你就更容易進入你的另我了。

關於眼鏡的公式

圖騰蘊含著另我的超能力、它的起源故事和它的使命。當這個圖騰被啟動時，它就會召喚出你的另我，就像白袍改變學生的信念一樣。

在我成長的過程中，學校一直是一大挑戰。不是因為我不喜歡上學，而是因為我看不懂書本。我不知道為什麼，不過我就是不想讓任何人發現我「太笨」而看不懂。因此，當老師在課堂上指派閱讀作業時，它迫使我發揮創意。我會盡最大的努力完成閱讀作業，在時間快到之前，我會開始問旁邊一些同學對這篇文章的看法。這使得我被貼上「班級小丑」、「搗亂鬼」或「愛講話」的標籤，但這就是我為了回答老師的提問而想出的解決方法。

那時候，我環顧教室裡的同學，發現班上最聰明的孩子都戴眼鏡。除此之外，我妹妹班上最聰明的孩子也戴眼鏡。我呢？我的視力很好，沒戴眼鏡。

所以，我形成了這樣的世界觀：聰明人都戴眼鏡。這是**絕對**真實的嗎？當然不是，但那是我的經驗和我賦予它的意義。不知道你小時候形成的哪些世界觀，塑造了你現在的世界呢？

我腦子裡的等式很簡單：眼鏡＋人＝聰明。

到我二十幾歲時，在一次車禍後，我接受了心理測驗，才終於知道自己是閱讀障礙。不過，「聰明人會戴眼鏡」這樣的信念已在我心中根深柢固。

我剛開始創業的時候，就是沒辦法成交任何客戶。我知道我有重要的東西可以提供給人們，但我對自己看起來像十二歲的娃娃臉有很大的不安全感，人們不會尊重我，也不會聽我的話。

最後，從學生時代就有的一個想法，突然出現在我腦海裡：「會得到尊重的人，是別人認為很聰明的人。而我認識的最聰明的人都戴眼鏡。」就在那一刻，我找到了我的圖騰。按照我的想法，如果我戴上眼鏡，別人就會認為我很聰明，他們就會尊重我。而且我也是超人的超級粉絲，克拉克．肯特就戴著眼鏡，所以對我來說，這讓眼鏡更加強大了。

一旦我感覺到眼鏡的鏡架擦過太陽穴時，我就成了「逆超人」——超人是摘掉眼鏡而變得「正常」，我是戴上眼鏡來獲得我的「超能力」。僅僅只是戴上這副眼鏡，我就變成了最有自信、最堅強、最聰明的自己，一個我知道會受到尊重的自己。

我的潛在客戶真的認為我很聰明嗎？他們真的有比以前更尊重我嗎？我不知道。我也不在乎，那並不重要。重點不在於別人是否真的會把智力和尊重與一副眼鏡連結起來。我是那個創造並生活在我世界裡的人，如果我覺得自己更聰明、更受人尊重、更果斷，那才是唯一重要的事。因為情緒決定表現，而它確實發揮作用了。

你為什麼需要圖騰

大部分人站到賽場上時，都沒有思考或意識到誰必須出現在那裡，才能產生傑出的結果。我先前提過這點，不過在現實生活中，我們總是從一個賽場換到另一個賽場，從一個角色換到另一個角色，每個角色都需要不同的特質，來發揮出我們的最高水準。而因為我們沒有意識到自己在切換角色，所以總是把相同的特質帶到每個領域中。

選擇並啟動圖騰，就是在設定意圖，讓你想在「特定聚光燈時刻」召喚「特定特質」。這就像你在設置一個內在的羅盤，讓你調整情緒、思想和行為。當你需要英雄自我時，你會非常有意識的進入這個身份。

還記得我在布拉格堡演講時遇到的那個上校嗎？當他穿著軍裝回家後，他一直難以成為他理想中、和孩子們相處在一起的父親（還記得衣著認知的力量吧）。即使換上牛仔褲和高爾夫球衫，他的性格也沒有改變。為了完成這個故事，我跟他談了很多關於他尊敬的父母樣子，他真正想要的特質和性格，以及他認為什麼東西能讓這個「賽場」與眾不同。他提到自己非常喜歡演員兼電視主持人麥可・羅（Mike Rowe），這個人以風趣、自嘲、平易近人而聞名，而且幾乎什麼事情都願意嘗試。畢竟，他主持一個叫《幹盡苦差事》（*Dirty Jobs*）的節目，這個節目帶他參與了許多人的世界，而有些人做著世界上最臭、最艱難、最骯髒的工作。

我覺得很不錯，我也喜歡麥可・羅的個性。

麥可還有一個很著名的特色：戴著棒球帽。我向上校解釋象徵的力量、衣著認知，以及使用圖騰來啟動他的另我之後，他的眼睛亮了起來：「我的『爸爸自我』會戴著一頂帽子。」

另我X藥丸

我剛開始跟客戶合作，幫助他們創造另我時，會帶著一盒涼糖。我會把標籤撕掉，把小瓶子遞給他們，然後說：「在你上場之前，吃一粒這個小藥丸，想像它含有你想啟動的所有超能力特徵。但不要一下子塞進嘴裡。我希望你能暫停一下，認真思考誰要出現在這個賽場上。」

這十五年下來，我已經給出了三萬多顆「另我X藥丸」，來幫助客戶啟動他們的英雄自我。服用沒有藥性的藥丸這種安慰劑效應，是我讓客戶使用的最有效的圖騰之一。人們最常見的反應——最近也剛有人告訴我——是「我覺得它能由內而外發揮作用，彷彿它觸發了一種隱藏的力量」。

就算你用的是小糖果這麼簡單的東西，也不要忽視用它來激發另我的力量[13]。

召喚另我到物質世界

另我是用來改變你的表現的策略，包括你的肢體行為到你的思想情緒，從你的信念到價值觀，從你的姿勢到說話的語氣，這所有一切，以及整個另我效應模型的各個層次。

現在，將帶來所有超能力並進入英雄自我的另我，它在你心理與情緒層面的想像領域中，正處於休眠狀態，準備被啟動。

你需要一些東西將它帶入物質世界，並以物質的形式存在。

這就是「圖騰」的作用。它給你的另我一個形式和形狀，而不僅是一個漂浮在腦海中的想法，或你感覺到的情緒。它不只是你在會議中用來分散注意力的生動白日夢，你的另我是真實的，它需要落在一個實際的物質上。

圖騰能動用到更多感官，你可以感覺到、聞到、嘗到、觸摸到和看到這個物件，這能激發一種發自內心的感覺。

試試這個：想像你走到冰箱前，打開門，拿出一顆檸檬，把它放在砧板上。現在拿出一把刀，切一塊或一片下來。把檸檬片拿到你的鼻子前，大大的吸一口氣，它聞起來怎麼樣？再切一片檸檬，你手指沾上檸檬汁有什麼感覺？現在拿一片到嘴邊，咬一大口。你流口水了嗎？你抿起

⓭ 如果你想了解更多關於安慰劑效應的資訊，以及群組在使用的另我 X 藥丸，請至 AlterEgoXPill.com

嘴唇了嗎？

現在試試這個。如果你冰箱裡有檸檬，就去拿一個，確實做我剛才讓你想像的所有事情。看，摸，嘗，聞。

你看到區別了嗎？你的想像力無疑是強大的，但還是比不上在現實世界中的實際體驗。另我的圖騰或神器是從想像力通到物質世界的橋樑。它是個錨。

用這個圖騰來錨定你的另我，不僅能讓你轉變，也能幫助你連結轉換的核心。著名演員卡萊．葛倫，本名是阿齊．李奇（Archie Leach），他說：「我假裝自己是我想成為的那個人，一直到我終於成為那個人，或是他成為了我，或是我們在某個時刻交會。」這是另我設計來幫助你達到的目標，到了這階段，當你需要英雄自我時，它會自然的站出來，而不需要再去召喚它。

最終，這發生在我身上了。一開始，我要戴上眼鏡，叫自己理查，直到有一天，我不需要這個名字和這副眼鏡，也覺得自己聰明、受人尊敬和有自信。我只是以這種方式出現在所有的潛在客戶會議上，這成了一種習慣。我不需要刻意喚起我的優點，因為這些優點已經生根了。我在事業的賽場上創造出了自己的新身份。（這並沒有讓我變成完美的人！該做的工作還是要做，但它讓我克服了最初的抗拒感。）

做為一名提升表現的教練，我的目標是幫助人們持續發揮出他們最高水準，無論對客戶而言這代表著什麼。要做到這一點，發揮好表現必須成為一種習慣，必須像你的呼吸一樣，自然而然的發生。

一九七〇年代，諾埃爾・伯奇（Noel Burch）提出了一個簡化的模型，用來解釋學習一項新技能的四個階段。這就是所謂「學習能力的四個階段」，從某人「無意識的不熟練」開始，然後進入「有意識的不熟練」，接下來，你會變得「有意識的熟練」，最後就是「無意識的熟練」。

我想用一個稍微不同的方式，來解釋我們都經歷過的四個改變階段。

第一階段「無知」：你「不知道自己不知道」這件事情，這就是所謂的「無意識的無能」。這是缺乏意識的典型階段。

第二階段「意識」：你開始意識到你「知道自己不知道」這件事情，這是所謂的「有意識的無能」。你察覺自己不知道如何去做一些事情。

第三階段「改變」：這時，你知道自己不知道了，並且有意識的決定要改變，這是所謂的「有意識的能力」。這是最困難的階段，因為這裡要下很多苦工，你要開始改變習慣、態度，開始在腦中創造新的思維模式。這裡是你知道該做什麼，而且你正在做，但這需要付出努力，因為它還沒有根深柢固。

第四階段「精通」：這裡是轉變完成的時候。在這裡，行動對你來說是自動的，已經不用那麼多有意識的關注。這就是所謂的「無意識的能力」。你知道怎麼做，你不需要刻意去想它。這能力彷彿和你合而為一，每次你站上賽場，每次你面對聚光燈時刻，你的英雄自我就會不假思索的出現。

使用圖騰，是在幫忙訓練你召喚出英雄自我。然而日子一久，你可能根本不需要圖騰了，你可以自己選擇。我還是喜歡戴眼鏡，因為我喜歡戴眼鏡的感覺，同時也是提醒你和其他人，這是生活和人類的自然組成部分。

我們都有觸發點。當我聽到布魯斯．史普林斯汀（Bruce Springsteen）的《為跑而生》（*Born to Run*）這首歌時，就彷彿回到過去，我和好友比爾開車橫貫加拿大公路去參加週末壘球錦標賽的情景。雖然聽起來很老套，但我一聽到這首歌，就會立刻回到我和最好的朋友共度的那個夏天。

當你戴上戒指、用毛巾擦臉或是穿上制服時，也是一樣的道理。每當你與你的圖騰或神器互動時，就是從心理上喚起你的另我，及其包含的一切——從你選擇的特質到你創造的背景故事，再到你所要執行的使命。

圖騰或神器的三種類型

圖騰只是你用來代表另我，或連接你的另我到賽場上的東西。一件白袍、一套制服、一頂帽子、一副眼鏡、舞臺或賽場本身。它可以是任何東西。

神器也是一樣，只不過它有某種歷史意義。如果你用的是一件代代相傳的首飾，那就是神器。它有額外的意義，來自你與祖先或部落歷史上的連結，或你的家庭所加諸的額外意義。

這件事沒有複雜到要讓你困在其中，你不需要坐在那裡思考自己到底該不該拿個神器或圖騰。這些東西的目的仍然是一樣的，啟動你的另我，並發揮出你正在做的事情的意義[14]。

圖騰或神器是讓你和另我緊密連結在一起的東西，就像聽診器和醫生、雷神和他的鎚子、神

---

[14] 想要獲得更多的靈感、例子和現成的圖騰，請至 AlterEgoEffect.com/totem

力女超人和她的真言套索。你選擇的圖騰或神器，將是你在本書前面選擇的所有主要特徵的實際呈現。

圖騰或神器有三種類型。

一、可穿戴的東西

這是你所能選擇的最強大圖騰。稍後你會知道，你可以穿上和脫掉，是至關重要的特點。當你開始不像另我那樣行事時，這個特點會很有幫助。這個類別包含你能想到的所有東西。我只是列出一些項目，讓你可以從中得到靈感：制服、服裝、頭盔、帽子（任何類型）、眼鏡、首飾（如戒指、項鍊、手鐲）、護腕或防汗帶、外套、襪子、T恤、手帕、手錶、運動衫、褲子、鞋子（如運動鞋、高跟鞋、拖鞋、涼鞋）……

二、可隨身攜帶的東西

東尼是一名棒球選手，在愛荷華州的一個農場長大。他的家族對他而言意義非凡，他的另我驅動力，就是要讓他的家族感到驕傲，為家族增光。他的口袋裡裝著一小塊來自農場的鵝卵石，每當他需要從另我那裡得到更多力量時，他就會把手伸進口袋裡，感受鵝卵石在他的指間滾動。

另一個例子是約翰，他有一個增幅力量的神器。他的另我是他爺爺，而這件神器就是爺爺的懷錶。有些人在打銷售電話或參加重要會議時，會攜帶一種特定的物品，比如一支筆。

以下是其他靈感來源：杯子（如咖啡杯、茶杯或隨行杯）、筆記本、棒球、石頭、羽毛、照片、圖片（如另我的圖片，或其他能代表另我特質的）、小卡（就像我塞在球衣裡的那種球員卡）、特殊硬幣、鋼筆、毛巾……

我十幾歲的時候，是全國排名的羽毛球選手。我有個習慣是每次比賽前，我會拿一條白毛巾到更衣室裡，在水龍頭下面打溼。我會把它擰乾到不會滴水的程度，然後把它折成每邊大約六十公分的正方形，放在球場的一角。

對其他人來說，我的目的是要把球鞋放在上面，把它們弄溼，讓它們更粘。但對我來說，它是我的「充電站」。在這裡，我可以替另我充電，帶著更多能量回到球場上。

就像我先前說的，沒有什麼規則。你總是可以替另我的世界添加更多維度，並且使用一個額外的圖騰，給另我更多的力量。

我的許多客戶也採用了這個方法。

還記得米契嗎？那個轉換新工作的金融從業人員？他的另我是鼓舞人心的奶奶，她在大屠殺中倖存下來，移民到美國，並養育了四個孩子，孩子們都很有成就。他使用的神器是他奶奶「在家鄉」的一張舊照片。他把它放在桌子上，每當他感到缺乏自信或遇到挑戰時，他就會把相框稍微轉向他一點，以「打開」奶奶的力量。

三、與賽場有關的東西

博．傑克遜一踏進足球場，就變成了傑森，他的圖騰就是球場。對我的一些百老匯客戶來說，就是舞臺。而對我的一個作家客戶而言，就是每次坐在他的寫作椅上。對很多商業客戶來說，則是他們一走進會議室。

圖騰不一定是你身上的東西，它可以是在賽場上的東西，或賽場本身。

如何選擇你的圖騰或神器

最重要的，不要把它搞成萬聖節服裝。不要挑出八樣東西，然後把它們都稱為你的圖騰。選擇一個，好好選擇。到目前為止我觀察下來，倒是有幾項基本原則：

一、它對你一定要有象徵意義

無論你選擇什麼，都是要用來喚出你的另我，以及所有超能力和你創造的起源故事。它等於是一切，是你的另我的象徵，所以要確保兩者有關連。

你選擇的東西與另我之間的關連，可以是間接的。比方說，我有個在華爾街工作的客戶，他的另我是蝙蝠俠。他當然不可能穿著蝙蝠俠套裝去上班，還期望能保住工作，但他可以發揮創意。蝙蝠俠穿黑色衣服，所以我的客戶選擇了黑色領帶或黑色西裝做為他的圖騰。當他必須參加重要會議，並且知道他需要另我的時候，他就會穿上黑色西裝或打黑色領帶。

你的圖騰或神器與另我之間的關連，也可以是直接的。我認識一個人，他使用超人的袖扣。有個大學高爾夫球選手的另我是老虎伍茲，他使用老虎條紋的高爾夫球桿套，穿著一雙縫有老虎圖樣的襪子。我還有一位馬術客戶戴著特製的手鐲，就像神力女超人戴的一樣。

選擇動物或無生命物體的客戶，通常會選擇戒指、吊墜、耳環或幾乎任何能喚起他們「靈魂動物」的東西。一個踢職業足球的客戶，他的另我是隱形轟炸機。為什麼呢？因為「很難被發現，速度很快，當你知道我在那裡的時候，我已經把球踢進網了」。他的鞋子有特殊的鞋墊，上面貼著真正的隱形轟炸機貼紙。

你的圖騰可能和另我根本沒關連，它可能是一個通用的符號，也可能只對你有意義。眼鏡是我的圖騰，但不是每個人都跟我一樣，把尊重和智慧與一副眼鏡連結起來。

無論你選擇什麼，無論它是否與你的另我有直接關連，只要確保對你來說有情緒共鳴和意義就好了。

二、無論你選擇的是什麼，都必須是你在賽場上會一直使用的東西。不能只是偶爾使用！

我的一個客戶選擇了實際環境做為他的圖騰。他是一名冰球選手，當我們踏上冰面時，他想像他的另我住在他家鄉溜冰場一塊特定的木板裡。這個想法是很酷，只是這樣就只在主場比賽時有效。如果你要選擇某樣東西，尤其是在賽場上的東西，比如會議室，要確保它是你可以隨時使用的東西。

我們稍微調整了客戶的另我，讓它住在冰裡面，就像博．傑克遜的另我活在球場上一樣。這樣就不需要挑選一個特定的會議室，只需走進會議室的入口就可以了。所以入口就成了圖騰。

三、它應該是你可以快速穿上脫下，或放進與拿出口袋，或踏上與離開的東西

我在這裡劇透一下，有時候，你會脫離你的另我，尤其是你剛開始使用它的時候。你會掉進過去的特質，或受困自我又跑出來。當這種情況發生時，你需要「重置」。當我戴上眼鏡時，如果我開始被敵人使用的任何阻力拉進平凡世界，比如不安全感、恐懼或擔心別人對我的看法（這是我的前三名），我就會摘下眼鏡。理查絕對不會有這樣的想法，所以眼鏡必須摘掉。光是這個簡單的動作，就能提醒我，我在這裡要做什麼，什麼是重要的，而理查有能力殺死這些惡龍，再次回到賽場上。然後我會再把眼鏡戴上。

一陣子之後，光是感覺眼鏡鏡架擦過我的太陽穴，架在我的耳上，就會讓我充滿自信，並再次觸發我的另我。

這就是重置。

如果你的圖騰是場地或會議室，你會很難隨時離場再上去。我當然不會說那就不要選擇賽場，只是要留心。如果你選擇了賽場的某些東西做為你的圖騰，那麼當你開始脫軌時，你必須發揮創意，看要怎麼重置和喚出另我。

你也可以借用我之前分享過的，關於我折疊毛巾放在球場邊的想法。你可以在那個環境中，選擇特定的行為或位置去「重置」或「充電」。

我有個客戶的重置方式是用婚戒輕敲會議室的桌子，召喚自己的另我回來，把不安的想法全送回外太空。

注意事項

另我很簡單，建立過程中很難出錯。但到了這個階段，你可能會走偏。

以下是**不要**做的事情：

一、不要一直穿戴、攜帶或使用圖騰或神器。你的另我是為了特定的賽場而創造的，或是要用在聚光燈時刻的，因此在使用時必須留心。如果你在生活的各個領域中，都一直使用同一個另我，那你就搞錯重點了。你在生活的不同領域中扮演著不同的角色，每個角色都有相對應的特質適用於不同賽場。

二、不要把你的圖騰或神器送人。它是僅供你和你的另我使用的，不要把它借給別人，我甚至會建議你不要告訴別人。開會時坐在你旁邊的莎拉和布蘭登，不需要聽你超人袖扣的真實故事。守住力量和知識的祕密。我只會公開談論我過去使用的另我，以便說明某些觀點。是否要將你的另我對周遭的人保密，這完全取決於你自己。但是我建議你一開始還是這樣做，當你知道別人不知道的事情時，它會給你信心。

此外，如果你處在運動或銷售這類的競爭環境中，你的競爭對手可能會試圖利用它來對付你，故意侮辱或激怒你。當然，根據你所屬的世界，這可能是好事也可能是壞事。我只是建議你一開始先把它藏起來，這是你的小祕密。

三、選擇一些你會喜歡穿戴、攜帶或使用的東西。它應該是與你有正面連結的東西。如果你不喜歡，那就會剝奪它的力量。

永遠尊重你的另我

我高中的時候，我會把另我的所有影響力，帶到我在腦海中建造的更衣室裡。沃爾特・佩頓，羅尼・洛特，還有印第安領袖們，我會想像和他們對話的情景，他們一個接一個的遞給我一些東西。如果你還記得，我以前會把沃爾特和羅尼的球員卡塞進我的球衣裡。我想像他們把卡片遞給我，沃爾特對我說：「陶德，這是我的卡片。裡面有我的一部分，你可以把它放進你的頭盔裡，但你出去之後必須盡你最大的努力，不准讓我蒙羞。攻擊每一個球員，不管他們的體型大小，你要知道我會和你在一起，從他們身上碾過去。如果你不願意這麼做，就把那張卡拿出來，還給我。不要因為不尊重我們比賽的方式和我們是誰，而讓我們其中任何一個人蒙羞。」

對一些人來說，這聽起來可能很嚴厲，但我是在創造一種強烈的信念和榮譽，讓我和另我間產生很深的連結。那次短暫的對話為我的另我注入了意義，如果我想成為這些偉大的足球員和印第安人，我最好給予他們應得的尊重，最好榮耀他們代表的意義。

給你的另我它應得的榮譽和正直。如果你的另我是你的爺爺、一個超級英雄、一個你崇拜的人，或一種你崇敬的動物，你真的要讓它的名字、它的故事、它的精神蒙羞嗎？我當然希望不要。那種榮譽、精神、尊重和意義都存在於圖騰或神器中。

姬瓦．大衛（Ziva David）是電視劇《重返犯罪現場》（*NCIS*）中的一個角色。她是一名致命的前以色列摩薩德特工，她整個人自信滿滿，總是認為自己和男人完全平等。我的一些客戶和她很有共鳴，因此把她當成自己的另我。其中一個客戶在頂級金融公司工作，她向我解釋：「在辦公室裡，我絕對不可能乖乖任憑男人欺壓擺佈。如果我這麼做，姬瓦會給我好看的。」

重點在於承諾。

啟動事件

這個過程的最後一部分，是當你把另我、圖騰、你的賽場或聚光燈時刻結合起來。超人走進電話亭或撕開他的襯衫；黛安娜旋轉變成神力女超人；蜘蛛人戴上他的頭罩。有那麼一刻，你會有意的進入另一種形式，變成另我。啟動事件就以你使用圖騰或神器做為開關，向你的大腦發出信號：是時候讓另我接管了。

最簡單的方法就是相信你的另我在圖騰或神器裡面。你吞下另我X藥丸的那一刻，它就啟動了；你戴上戒指的那一刻，它就啟動了；你把石頭或懷錶放進口袋的那一刻，它就啟動了；當眼鏡的鏡架滑過你的太陽穴的那一刻，就像按下了開關，啟動了你的祕密身份。

在第一章中，我提過安東尼，那個坐早班火車到紐約的年輕運動員，他來找我尋求幫助。安東尼是馬里蘭高中籃球隊一顆冉冉升起的新星，他一直是球場上最優秀的球員之一，直到另一個球員轉學到他的學校。這個新人是全明星球員，沒過多久，安東尼就開始懷疑自己，對自己在場上的行動想得太多。他開始擔心臺上每個人都在拿他和那個新來球員做比較，認為他現在表現也不過平平。就像那個年輕的棒球運動員失去了比賽能力一樣，安東尼也失去了他的優勢，開始犯錯，他迫切地想要找回他的遊戲。

最後，他選擇了黑豹這種動物做為他的另我，想要得到牠的力量、敏捷和耐力。他的圖騰是一條毛巾，他會在比賽開始前啟動黑豹。熱身一結束，他就會走到場邊，從包包裡面拿出毛巾，有意識的擦臉，就好像蜘蛛人一樣，戴上了一張黑豹面具。他想像面具就像一副外骨骼。他不再覺得自己是全場焦點，不再擔心人們在想什麼或說什麼，他是隱藏起來的「黑幽靈」[15]。

擦完臉之後，他就會從椅子上跳起來，像一隻黑豹撲向它的獵物。

是時候讓他的另我上場了。

擦臉之後從椅子上跳起來，就是觸發另我和所有超能力的引子。

我戴上眼鏡的時候，在感覺到眼鏡鏡架滑過太陽穴和耳朵後面的那一刻，我就知道是時候把另我展示出來了。對於作家艾麗西亞，她會坐在寫作椅上，穿上她大學時的連帽衫。對於練馬術的麗莎，她會戴上特製的神力女超人手鐲，然後踩上馬鐙、跨上馬鞍。而對於來自愛荷華州的棒球選手東尼，則是把手伸進口袋，用大拇指和中指捏住從自家農場拿來的一塊小圓石。

我的高爾夫球員客戶會先把襪子拉到小腿肚的一半，繫好他的高爾夫鞋，然後再把襪子拉上來到完整長度，來「啟動老虎」。還有另一個商業客戶，他的圖騰和啟動事件，是他穿上義大利名牌鞋時。他會先穿右腳，繫好鞋帶，然後把左腳滑進鞋裡，但是在他把腳跟踩到鞋底之前，會停頓一下，再用輕微的跺腳啟動他的另我。如果他覺得自己又回到了老習慣，或是失去了祕密身份的力量，他就會兩隻腳跟輕輕碰撞，「喚醒內心的野獸」。

順便說一下，他之所以用左腳來啟動另我，是因為他過去是個很棒的足球選手，他有「致命的左腳」。

⓯ 想看如何做到這一點，請至 AlterEgoEffect.com/towel 觀看我的展示。

說到這裡，對某些人來說，這一切聽起來都像小孩子的遊戲，跺腳、拉起襪子、玩小石頭——「那些東西是給小孩子玩的，而我是成年人了！」你說得對，如果你的態度是這樣，那就隨你吧。你只是在否認科學，你在否認你的心智運作的方式，你在否認菁英們的生活和表現方式。如果你想找一本關於普通人怎麼做的書，架上已經有好幾百本了。

我並沒有發明人類的想像力，也沒有發明我們一直以來放大自己某些性格特質的心理，更沒有發明我們玩角色扮演的自然方式。對神話和原型人物的熱愛，更是深深根植於我們的內心。

輪到你了

記住，我們的另我不是二十四小時無休的。啟動事件可能是你在場上的整段時間，也可能只是在特定的聚光燈時刻——就是你開始出差錯，沒有表現出你想要的樣子時。

如果你是一個專業的銷售人員，也許你想要一整天都使用另我，或是只是想在需要「拿下案子」時使用它。如果你是一名運動員，可能是你在賽場上比賽的整段時間，或是在比賽的最後時刻，或面對某個特定的對手、遇到特定的情況時。如果你是一個公司老闆，而行銷是你目前面臨的最大挑戰，也許你只需要在社交場合、社群媒體的互動，或撰寫行銷素材時運用另我的力量。

在你有需要的情況下，抓住你的圖騰，知道你的另我正在等著你，然後啟動它。關於啟動事件，你要找的是一個可以與圖騰或神器配對的觸發動作。每次我從辦公室回到家，在踏進家門之前，我都會停下來，拿起女兒做給我的手環戴上。現在是「有趣的爸爸」出場的時候，不是教練、商人或投資者。

保持這個事件的簡單性和易於執行，並記住：只要確定你選擇的觸發動作，是你隨時可以做的事情。

如果你的圖騰是一頂球帽，當你把它戴起來時，就會啟動；它可以是戴上你選擇的首飾，比如戒指或項鍊；它可以是在會議之前，穿上某一件特定襯衫或領帶的行為；它可以是拿起一支特殊的筆，緊緊握在手裡。我有位客戶戴著一個有她母親照片的吊墜，在社交活動之前，她會打開吊墜，闔上它，然後走進去[16]。

你的啟動事件可以是任何感覺自然與舒適的事情，但它必須是一個實際的行動。

---

⑯ 想看範例影片，請至 AlterEgoEffect.com/totem

我已經把這個過程教給個人和團體成千上萬次了，以下是我所知道的：在看完整個過程，以及看到最後階段中，所有東西如何組合在一起之後，一切就豁然開朗了。如果你是這樣，那麼回顧一下前面的章節，可以幫助你加深與另我及其目的的連結。就像我之前說過的，這些組成部分中的每一個都像是一個入口，通往一個不可思議的世界，運用另我來實現或大或小的目標，獲得更多樂趣，並從生活中消除更許多內心掙扎。所以，如果看到一個圖騰或神器如何啟動另我，就讓你完全理解了，那麼你可以倒回去閱讀本書，或鑽研其中某些章節，以充分利用它的力量。

我有客戶問我：「這很棒，但是當我真的非常懷疑自己時，會怎麼樣呢？」或「當我真的非常害怕繼續前進時，我該怎麼辦？」，或「某個人真的讓我非常恐懼，而且我無法讓另我出來，我感覺自己又回到了你說的那個受困的世界。」

就像浩克、神力女超人、雷神索爾一樣，你需要使出必殺技。

所以讓我們來一記。

Chapter

15

危急時刻，使出必殺技

在每部超級英雄電影都有這個時刻：情勢搖擺不定，敵人不斷獲勝，而英雄眼看就要失敗了。然而，在內心深處，英雄開始累積所有的力量，或使用另一種力量，或用鋼鐵般的目光和「到此為止！」的來扭轉情勢。

人群跳起來，揮舞著拳頭，歡呼雀躍。就像在《洛基3》（*Rocky 3*）中，當洛基與T先生扮演的邪惡的詹姆斯．朗「克勞伯」打鬥時，洛基遭到比他更魁梧的拳手毆打。看起來洛基贏不了比賽了，但他突然捲土重來，用一連串拳頭擊中克勞伯，最後以一記驚人的擊倒打敗了他。我六歲的時候，和我的兄弟羅斯和萊恩坐在電影院後排，當這一幕出現時，我從椅子上跳了起來，尖叫不已。

這是陳腔濫調。但陳腔濫調之所以是陳腔濫調，就是因為它是真實的需求。

每個人都需要知道如何從劣勢中走出來，然後贏回勝利的方法。

你記得無敵浩克把拳頭砸向地面，製造出震波把敵人擊敗那一幕嗎？你會忍不住問：他為什麼要等這麼久才這麼做？這就是你需要的：扭轉情勢的必殺技。

在《神力女超人》電影中，最後的打鬥場景源自邪惡的戰神阿瑞斯，他揭露了打算毀滅全人類的計畫，並慫恿神力女超人加入他的隊伍。在戰鬥中，她的朋友兼盟友史蒂夫犧牲了自己，帶走致命的炸彈，拯救了所有人。強大的阿瑞斯試圖再次說服她，說人類必須被毀滅。然而，黛安娜認為她朋友的犧牲是人性光輝的最佳實例，她拒絕加入阿瑞斯的行列，並找到了自己內在的力量，將阿瑞斯致命的閃電回擊到他身上，澈底摧毀了他。

幾乎在每部電影中，都能找到這樣的時刻，我敢說，在你自己的生活中，也會有這樣的時刻，你「深入發掘，找到另一種力量來源」，或「拒絕放棄」。

所以，我們要確保你在需要的時候，總能找到額外的力量。

網球選手的戰鬥

和運動員們一起工作時，週末總是相當忙碌。那個星期六也是如此。我翻了個身，從邊桌上拿起手機，想看看在地球另一端比賽的一些客戶，是否有傳什麼訊息給我。我看到了三則來自瑞秋的通知。

瑞秋是我前面提過的一位網球選手，她先前總是難以維持在球場上的優勢。公平是她的核心價值觀之一，但在球場上，它會讓她為那些被她打得很慘的對手感到難過。這表示她就會「放水」，讓他們重新回到比賽中，這在體育競賽中可不是什麼好策略。

瑞秋正在亞洲參加網球公開賽，所以我解開手機，看看發生了什麼事。從她的訊息看來，她的另我似乎辜負了她。

我偷偷從床上爬起來，儘量不要吵醒那幾個半夜闖進我們房間的孩子，然後躡手躡腳的走進客廳。我按下她的名字，撥了電話給她。

「哈囉？」

「嘿，瑞秋，怎麼了？」我問。

「嗯，就像我在訊息裡說的，我昨天在比賽當中，打得很好，完全投入到這個過程中，每一球我都很用心競爭。當我覺得自己開始失去優勢時，我試著用另我來克服它，但就是沒有用。」

「比賽當中發生了什麼事？」我問。

「我領先很多，所以最後是我贏了，但是比賽時間比預計的多了四十分鐘。再說，對手也不是非常強。」

「好吧，這是我們可以解決的問題。所以不要為此感到有壓力。」

我接著問她是否陷入了舊習慣中，又搭上負面自我對話的「旋轉木馬」。瑞秋想了一會兒，然後說：「沒有，我想我只是陷入了舊的模式。」

「很好，」我說：「我告訴你如何使用必殺技，把所有懷疑、消極、恐懼和擔心都打飛。」

「**必殺技？**」她問道。

我和瑞秋分享了如何使用必殺技，來讓她充滿信心的前進，並堅定的完成她的使命。我會告訴你兩種不同的方法，你可以藏在另我的武器庫裡，當敵人接近並試圖把你拉離軌道時，你就可以使用。

先前，我請你記下你的另我是怎麼移動、怎麼說話、怎麼感覺、怎麼思考、有哪些習慣動作。你創造了它的起源故事，並選擇了圖騰或神器。這不單是一種心理或情緒的練習，你也考慮了另我將採取的行為改變和實際行動。

一旦啟動事件發生，你的另我就會被喚醒，接著身體、心理和情緒的轉變就應該完成了，對吧？是的。但這並不代表永遠都會順利美好。

讓我們回到瑞秋。我們一起走過了整個過程，來發現、發展和啟動她的另我。她開始使用它，從中獲得樂趣，並且獲得了效果。但就像任何英雄一樣，事情並不會永遠如你所願，意想不到的情況出現，或可怕的敵人冒出來，把你從任務中拉了出來。

神力女超人擁有最快的速度、最好的戰技和最強的力量，但即使是她，也會受到外在與內在力量的挑戰。敵人會出現並阻止她，她以為在控制下的局勢突然驟變，因為壞人會破壞她的計畫，或她過去的想法會悄悄冒出來，讓她懷疑自己能夠或應該實現什麼目標。

那她怎麼做呢？

她打出了毀滅性的必殺技！

那句「別再往前一步！」的時刻，或是阻擋敵人前進的鋼鐵般目光，這是你內心深處對成為英雄自我的承諾。

將敵人置於應有的位置

我們的大腦總是不斷的說話。當你試著接受挑戰時，這些可能會變成不支持你、沒有助益的話語。現在，也許你的身份中，存在著某些並不能幫助你在賽場上獲勝的元素。你的世界中有一部分被我們稱為「你的敵人」，它的出現會讓你跌倒，它會使你猶豫、過度思考或懷疑自己。

創造另我可以在你的腦袋中開啟一段健康的對話。在創造另我之前，或許你在這個賽場中能聽到的唯一聲音，就是批評和評判，總是試圖說服你打安全牌。現在，因為你已經經歷了給敵人取名的過程，就像維萊麗亞把敵人叫做伊戈爾一樣，你也創造了另我並給它取名字，你創造了一個清楚的二元性。過去你腦海裡的話語都是自己跟自己說，而且陷在一個沒有任何意義的旋轉木馬式對話中，現在你離開那樣的世界了。

另我和它所在的賽場，創造出了與敵人的界限。現在，當敵人出現，要把你拉到生活的邊緣時，你變成了一個旁觀者，你可以和它對話。別搞錯了，敵人就是我們的一部分，因此它永遠不會消失。然而，現在你有這個強大的力量去對抗它，那就是另我。

那你要怎麼打出必殺技？如何讓敵人回到它該待的位置去？你可以使用以下兩種方法任一

種，這些方法已被長期的實驗證明有效。

必殺技1：滾一邊去！

滾一邊去就是把敵人踢到路邊、角落去，我讓網球選手瑞秋做的就是這個。她的敵人叫蘇西，這是出自她讀過的某本書中，一個她不喜歡的角色名字。

在我們的通話中，我告訴她，每次她發現自己陷入舊模式，感覺自己就要讓對手從後面追過來時，她的另我就要和蘇西進行簡短的對話，說：

「嘿，蘇西，這是我的球場。你給我滾到一邊去，那才是你住的地方。這個地方、這個球場**是**我的地盤，我他媽的就住在這裡。現在就給我滾！」

沒錯，很激烈。但它非常有用，不只對瑞秋有用，對其他數百名使用過這方法的人也很有用。我跟一個朋友分享過這方法，他評論道：「我終於覺得我的腦袋屬於我的了。」瑞秋發出了一個強烈的訊息，關於誰應該出現在那個時刻，以及她在那裡做什麼。

我的另一個客戶有不同的方法，他想像他的敵人是一隻極度過動的小狗，總是想分散他的注意力，藉由做有趣的事情和避免做困難的事情來不斷拖延。他把這個敵人命名為「小獵犬」，每當他有這種逃避工作的衝動時，他就會說：「小獵犬，我知道你在做什麼。現在不是遊戲時間。去煩別人。我現在正在做重要的工作，那就是建設一個讓我感到振奮的未來。走開。」

當我們給腦袋中的對話加上名字或人物角色時，就能創造出有建設性的對話，就像瑞秋所做的那樣。它防止我們的頭腦被思緒糾纏，同時也給了我們不同的視角和前進的道路。

這方法就像有一個明亮的「出口」標誌，出現在我們的腦海裡，給我們機會回到我們想去的地方。

必殺技2：回應聲明

多年來，我一直在教另我效應，從來沒有哪個菁英運動員或經理人反對這個想法，也從來沒有人告訴我他們覺得自己只是在假裝，或是覺得很幼稚。大多數人都覺得，這是他們能夠做到或已經做過的最自然的事情之一。現在，他們可以和不利於他們的思緒戰鬥，就像你一樣。沒有人能對敵人免疫。

如果你聽到一個小小的聲音在說：「你只是在假裝啦」、「這太愚蠢了」、「沒用好不好，你不可能改變的」，或「你以為你是誰啊？你又沒有任何天賦或技能，你不會成功的」。你要知道，那就是敵人在試圖把你拉回平庸生活的陰影裡。

這跟你贏了多少次沒有關係，敵人總是會試圖阻止你的英雄自我前進。我總是接到這樣的電話，高山滑雪選手在比賽前一天晚上，在奧運村的小宿舍裡打給我；或是來自美國職業棒球大聯盟投手，三十分鐘後，他就要在四萬八千名球迷面前站上投手丘，參加一場關鍵的季後賽。這些表現卓越、成功、有才華的人，仍然會被他們的敵人絆倒，問他們：「你以為你是誰啊？」

你還是會遇到「你人在賽場上，而敵人仍占了上風」的時刻。這種時候，對於「你以為你是誰」這個內心問題，就該來一記驚天動地的必殺技。

我稱它為「回應聲明」。這是我們的第二樣裝備，你有一個準備妥當的答案，可以回應「你以為你是誰」，或各種類似的、讓你懷疑自己的問題。這不僅能阻止你陷入負面自我對話的旋轉木馬中，也能使你繼續穩穩守住這個聚光燈時刻，如你的英雄自我或另我會做的。

回應聲明是另我需要的武器。對那位奧運高山滑雪選手，回應聲明大概就像這樣：

我是誰？你是在問我是誰嗎？

我是連續一千一百二十三天，每天都在凌晨四點十八分醒來，成為第一個在到滑雪山上準備，要迎接這一刻的人。

我是誰？

我是每天花四十五分鐘放鬆的躺著，充滿自信的看著和體驗著自己滑下山坡，用強壯雙腿和完美動作完成急轉彎，所以我是為自己爭取到贏得最高榮譽的門票的人。

我是誰？

我就是那種，當孩子們坐在家裡，盤著腿、兩眼發直的瞪著電視時，會回過頭，指著我跟他們的媽媽說：「媽媽，我以後也要像他那樣」的人。

我擁有的力量，遠比你想阻礙我的任何東西都強大。所以，不好意思，我沒時間回答你那狗屁問題，因為我現在的人生，比那些基於恐懼的問題還要重要得多。

所以你就滾到一邊去吧，那才是你該待的地方！

它把光照向敵人，讓敵人躲到角落裡，蜷縮成一團，邊吸著拇指，邊哭著要找媽媽，就像大多數惡霸一樣。

必殺技就是用來打爆敵人的。

擬定回應聲明

幾年前，我在臉書上分享了一段回應聲明的影片，沒多久，我的一個客戶馬克就跟我聯絡，安排了一次電話討論。他需要我幫忙擬他的回應聲明。

一篇卓越的回應聲明能突顯你的恆毅力、努力和成就。我現在要帶你走一遍我教馬克做的，在你閱讀的時候，想像你是馬克，而我們正在進行這樣的對話。

讓我們回到你職業生涯剛起步的時候。請告訴我你的人生故事，你有過哪些勝利和成就。我知道你有，因為如果你沒有嘗過成功的滋味，你就不會讀這本書了。你想要嘗到更多成功、想要能持續下去。

馬克經營著一家成功的電商公司，但遇到了困難。他的大部分業務都是透過亞馬遜完成的，然而最近公司所做的一些改變，讓馬克擔心自己調整適應的速度不夠快。他還推出了一項新服務，教其他創業家如何成功的建立電商公司。馬克主持現場活動，分享他覺得有用的經驗。但是，他產生了極大的不安全感，覺得自己是個冒牌者，他質疑自己是否有什麼有價值的東西可以和其他創業家分享，尤其是他現在不確定自己的公司能否在亞馬遜的變革中生存下來。

「當你審視你的職業生涯時……」我開始說道。我需要把馬克從他的平凡世界中帶出來，在那個世界裡，他的敵人一直在用冒牌者症候群糾纏他，所以我們用更加全面的角度審視他的職業生涯。我會問他一個問題，讓他慢慢的告訴我他過去的故事，就像一本自傳。然後，我會把我聽到的話複述給他聽。

我告訴他：「讓我弄清楚。你的職業生涯是從邁阿密的警察開始的。那下一步是什麼？」

「賣影印機。」

「真有意思，所以你變得很擅長這件事，是嗎？你一定花了很長時間才成功，因為你的職業生涯是從當警察開始的，而不是推銷員。」

「倒沒有，我花了八個月的時間，成為佛羅里達州最好的影印機銷售員。」

「哇，這也太快了吧！那在賣影印機之後呢，你做了什麼？」

「我的一個客戶跟我公司訂購了一大堆東西，不只是影印機。我想知道他們在做什麼，所以我就去他的辦公室，發現裡面是一群二十六歲左右的年輕人，停車場裡全是藍寶堅尼。他們挨家挨戶的向雜貨店和便利商店出售預付卡。我看著他們，心想如果這些孩子都能做到，我也能。」

「那麼，你也擅長這個嗎？」我問。

他笑了起來。「對，我想是吧。我在那時一個月能賺到一百萬美元，直到科技有了突破，再也沒有人用預付卡。」

「好，那你接下來做了什麼？」我試著讓他看到他取得的所有勝利。

「我看到一則廣告，關於如何為亞馬遜建立電商業務的廣告。我看了他們的影片，心想這我能在六個月內做到，最後我一年就做了一百多萬。」

「好，那讓我弄清楚。你現在是在告訴我，你感到很不安，因為亞馬遜一直在進化和改變，而你不知道自己能否跟上它的發展和變化？」

「對。」

「但從你的故事中，我唯一聽到的就是，你很**擅長**進化和改變。」

他笑了，說：「對，我想你是對的。也許我不需要必殺技。」

「不，你還是可以使用必殺技和回應聲明。下一次，你再聽到自己腦中那個小小的聲音在問『我有什麼資格做……』或是『你做不到』，或『這樣做沒有用』時，你必須這樣回答：

我是誰？你是在問我是誰嗎？

我就是辭掉警察的工作，在沒有生意經驗，也沒有銷售經驗的狀況下，卻靠著挨家挨戶的推銷影印機，成為佛羅里達州業績第一名的銷售員。

我做不到？我是那個看到一些乳臭未乾的孩子，開著藍寶堅尼，挨家挨戶賣預付卡，馬上就看出這是個好機會，然後把這門生意做到幾百萬美元業績的人。

這沒有用？我就是那個就算失去了本來的事業，也能再開創另一項電商業務的人。噢，順便告訴你，這部分我的業績也超過七位數。

如果你覺得你是在跟一個無法重塑自我的人說話，去找別人吧，因為那不是我！」

每次我寫別人的回應聲明時，我都會肅然起敬。

這就是一種擬定回應聲明的方法，然後用一招必殺技，把衝擊波傳送到你的神經系統，把你喚醒。當然，你也可以從你努力創造的另我的角度，來構思你的回應。

所以，如果你是從電影、電視或文學作品中選擇角色，你的回應就會來自這個角色的性格。如果你選擇的是動物，你的回應就會受到該動物屬性的影響。如果它是一臺機器……以此類推。

想像一下，你完全體現出拳王阿里、歐普拉、邱吉爾、特斯拉或任何一個影響你的人物的歷史和特徵。

當狀況變得具有挑戰性時，另我會以他們的聲音做出回應，然後把你帶回賽場上。

所以，整理一下你要怎麼用必殺技回應，傳遞出一個訊息，說你不會放棄你的使命，說你不會躲藏，你會一直留在這裡。

寫一份回應聲明，回應這類的問題：「你以為你是誰？」或「你這樣做沒有用……」或「你做不到……」

記住，它可能來自你的過去，也可能來自你另我的過去。放輕鬆去玩，不管你的回應是什麼，都不會要了你的命。

等你寫完你的聲明後，我想看看。請把它貼在網路上，然後標記我。或到AlterEgoEffect.com，跟著連結到我們的社群。看看那些在外面追逐夢想，與隱藏的力量鬥爭，並取得成功的人，沒有什麼比這些故事更激勵人心的了。

創造你可以在生活中任何領域使用的另我，這段旅程即將結束了。不過，在我們結束這個過程之前，最後還有一些小技巧，可以幫助你發揮最大的功效。

Chapter
16
啟程

「你們想見她嗎？」瑪麗蓮．夢露開玩笑的詢問在紐約街頭一路跟著她的攝影師。

羅伯特．史坦（Robert Stein）講述了這個故事，一九五五年，當時他們的出版社想要捕捉卸下明星光環的瑪麗蓮．夢露，於是他有機會與瑪麗蓮．夢露共度了一天[1]。她穿著一件駱駝毛大衣，壓住那頭招牌的彈性捲髮，然後他們帶著她穿過中央車站，進到地鐵站裡，沒有人注意到她。儘管攝影師在拍她抓著地鐵車廂吊環的模樣，還是沒有人多注意她。她只是諾瑪．珍（Norma Jean），地鐵上的一位普通乘客。

羅伯特回憶，當他們離開地鐵站，回到街道上，她轉身對他們說：「你們想見她嗎？」接著她「脫掉外套，把頭髮撥鬆，拱起後背，擺出一個姿勢」。一群人立刻向她湧來。

這就是另我的魔力。你創造自己的世界，你決定誰要出現在你的賽場上。然後你決定要把什麼樣的超能力和特質帶到你的世界裡，以得到你想要的結果。

在這本書中，你看到許多來自體育界、商業界和日常世界的人們，他們用另我來改變他們的生活，克服挑戰，更加自由的追求目標。你已經看到很多研究，而且還有越來越多的研究都表明，這種方法不僅能幫助你表現得更好，幫助你應對生活中的自然挑戰，而且還能挖掘我們所有人與生俱來的功能。

你已經知道，另我效應可以幫助你啟動做某項行動的動機和心態，將你帶入非凡世界[2]。

你也已經了解，只要穿一件白袍，或選擇一個圖騰或神器來代表你的另我，你就會透過衣著認知的現象，立即改變你的表現能力[3]。

你已經學會，藉由找出你更深層的性格特質和價值觀，來創造你的超能力，你就能帶著更堅定的目標和信念行動[4]。

現在，是時候把你帶到賽場上，讓你進一步體驗這個非凡世界了。

以下是一系列的任務和挑戰，要帶你起步，並幫助你進入另我，測試它的力量。它們被設計的簡單且易於執行，而且以一種相當有趣的方式試驗你新創造的超能力。

任務一：讓另我去咖啡廳

你的第一個任務是以另我的身份去咖啡廳，點一杯最喜歡的飲料，然後以另我的身份喝。對某些人來說，當他們喚出另我，就像是穿上最喜歡的牛仔褲。對另一些人來說，則需要更多的突破。有些人需要練習，感受成為他們的另我是什麼感覺，甚至是在踏入他們的賽場之前。如果你就是這樣，那麼我鼓勵你現在就開始練習。你越能體現你的另我、超能力、起源故事，就越容易把這個英雄自我帶到你的聚光燈時刻。

做法

找一間附近的咖啡廳，在你走進門之前，用你的圖騰或神器啟動另我。感受自己的變化，然後走進咖啡廳。走到櫃檯點飲料，坐在附近的座位，或走到外面座位，喝你喜歡的飲料。

在你做這些動作時，要注意你如何以另我的身份喝這杯飲料，你會怎麼拿杯子、怎麼喝、怎麼站、怎麼坐？你會以不同的方式享用嗎？另我會注意到周圍人物和環境的什麼？你會以不同的方式與人互動嗎？另我會有什麼感覺？

為什麼有用

這是一個很單純的情境，對你的世界不會有威脅。我不是要求你去完成你人生中最大的交易，或做些一些危險可怕的事。你只是去點一杯飲料。活動的壓力越小，或你越熟悉這件簡單的例行公事，你就越容易進入另我好玩的一面，而不用擔心一下子就要執行困難的任務。

變化款

以另我的身份去散步，使用跟「咖啡廳任務」一樣的所有策略。做為你的另我，你會如何看待周圍的世界？使用咖啡廳任務內容中提到的同樣問題，來幫助你啟動另我。

任務二：數字焦點遊戲

這個任務是要測試你集中注意力的能力，並立即測試另我的力量。二十年來，我一直在教運動員靜心冥想的力量，幫助他們培養更強的專注力和馬上集中精神的技巧。靜心的好處是毋庸置疑的，有堆積成山的研究支持，但對某些人來說，他們仍然不知道靜心是否有幫助，所以我研發了一個簡單的技巧，可以更快的關閉反饋回路。

做法

用你覺得舒服的姿勢坐下來，在椅子上或地板上都可以。在你面前約六十公分處放一個球或一張白紙。設定計時器三分鐘。在這三分鐘裡，你要開始觀想數字1，在這個物件上。當你注意到你的思緒飄離數字1時，就觀想數字2在這個物件上。同樣的，當你注意到你的思緒又飄走時，就觀想數字3。繼續這樣的模式，直到三分鐘結束。當計時器時間到時，把你當時的數字記錄在某個地方，比如筆記本或手機上的筆記。如果你結束在34，這就是你這一輪的分數。下一次的成績應該要比這個數字小。

現在，再做一次這個練習，不過這次，先用你的圖騰啟動另我，然後以另我的身份來做相同的過程。如果你的另我是愛因斯坦，就當愛因斯坦。如果是大象，就當大象。如果是你堅強不屈的奶奶，就當奶奶。然後把你最後的數字記錄下來。

結果怎麼樣？有更好嗎？還是更難了？

第一次嘗試的人最常見的兩種狀況是：一、他們能夠以明顯的優勢打敗之前的分數，二、他們發現自己在記得成為另我和專注於數字之間來回循環。

兩種都是很好的結果，因為隨著多加練習，這些都會改善。

為什麼有用

練習成為你的另我，並給它一個任務，讓它進行些微的競爭，這與運動員在比賽之前很長一段時間就不斷練習和精進技能，培養耐力、力量、持久度、敏捷性和柔韌性，並沒有什麼不同。基本上就是一樣的練習。如果你另我的姿勢改變了，多練習。練習坐著時背脊打直，不要無精打采。練習用一種特定的眼神，比如微微的斜看，表示你已經「融入」並集中精神了。

沒有規則，只有練習。

任務三：玩遊戲

這個任務是要讓你以另我的身份測試韌性。遊戲和比賽是了解一個人真實個性的好方法，有句俗話說：「一小時遊戲揭露的東西，勝過一年的對話。」我再同意不過，這就是為什麼這個任務是對另我的一大考驗。

做法

選擇一個與朋友或家人一起玩的遊戲，用你最喜歡的遊戲裝置上玩電動遊戲，或一起拼拼圖這類的。順便說一句，跟你一起玩遊戲的人，不需要知道你的祕密身份——**但你要用另我的身份去玩**。挑戰、競爭和挫折，是鍛鍊你的韌性肌肉，真正了解和體現另我的絕佳方法。

為什麼有用

我的一個客戶說：「我很快就意識到，為了更好的接受失敗，我和我的另我還有更多要努力的地方。我的性格是，如果我輸了，總會把結果看得太過針對自己。當我第一次以另我的身份玩一款遊戲時，我讓太多以前的自己出現了。這讓我意識到，我有多麼想成為另我，擺脫那些消極情緒。它確實有效。我越成為我的另我，就越不在乎失敗，這表示我開始贏得更多，感覺被解放了。」

試著去測試你的韌性和投入程度。你可能還記得關於敵人的那一章（第六章），敵人喜歡使用恐懼、他人的批評和驕傲的力量，來讓你遠離最好的自己。這個練習可以幫助你將敵人帶到水面上來，這樣你就能夠殺掉惡龍，不必等到聚光燈時刻才與它們對抗。

我在關於圖騰和神器的章節（第十四章）中提過，不過這點很值得再次提醒：當你感覺不穩定時，就重置。意思是把眼鏡摘下來再戴上；放下你的筆，再把它拿起來；把戒指取下來，再次戴上去；把小石頭從口袋裡拿出來，再放回去，重新打開開關。

（小技巧：如果你選擇賽場做為圖騰，卻發現自己需要經常重置，請考慮更換為你可以穿戴或隨身攜帶的圖騰。重置是提醒你的大腦，提醒你有一些特定的超能力，你想要並且需要在這個特定的時刻使用。讓自己時刻保持高度意識，是你在場上的另一個最佳教練。）

尋找盟友

當你反思自己的人生，以及你做過的任何改變時，你會發現，很多事情一開始你可能會感到不安，但隨後又發現很多擔心都是不必要的。我同意詹姆士．加菲爾德總統（James A. Garfield）的觀點：「我記得有個老先生跟我說，他的生活中有過很多麻煩，但最糟糕的事情從來沒有發生。」

從我自己以及無數人的經驗看來，盟友們一直都在等著幫助你。雖然大眾媒體一遍又一遍播放糟糕的事情，但當真的有需要時，你會發現絕大多數人都是善良、樂於助人和慷慨的。所以不管遇到什麼任務，找一些盟友來幫助你完成你的使命，這裡有一些可以參考的提示。

知道你想要進步的盟友。你可以到 AlterEgoEffect.com 與已經投入打造英雄自我的人們建立連結。找到其他了解本書所使用的特定詞彙的人，能夠產生極大的力量。新朋友之間也比較容易互相鼓勵，制定改變的策略，因為他們不像你現在的朋友或家人，不會受到你任何改變的威脅。因此，有時候最好的盟友就是新的盟友。

你認識的盟友。就是那些在你現在的世界裡，而且總會支持你的人。和他們分享你在做什麼，買這本書給他們看，或告訴他們其中的內容，然後招募他們一起到非凡世界去。當人們為了正面目的開始一起做某活動時，就會產生科學家所謂的「上升螺旋」[5]。這種上升螺旋會引發生理需求上的支持感，使人們變得更親密、表現得更好，也更有可能互相幫助。

幾年前，一位企業銷售顧問在電子郵件中跟我分享了這一點：「帶某人進入我的『祕密世界』，不僅使我們成為彼此的好教練和負責任的合作夥伴，而且還帶來了很多樂趣。我們每個月都在突破自己的銷售數字，只要當中有人沒有表現出英雄自我，我們就會打電話給對方。這把工作變成了一種遊戲。」

能指導你的盟友。這是我這輩子最重要的一項策略。從一開始，我就積極尋找導師，當他們的學徒，向他們學習，受到他們的激勵。哈維・多夫曼——世界上最受尊敬的運動心理教練之一——就是我最早的導師之一。他是我的精神導師。事實上，在美國職棒大聯盟中，他被稱為「棒球界中的尤達大師」。

你不必跟你的導師說另我的事情，但你可以把他們看作是強大的巫師，他們的出現是為了幫助你實現你的「非凡世界」。這個策略的好處是，他們的指導可以有很多形式。你可以讀他們寫的書或講述他們經歷的書，想像他們在指導你、跟你對談幫助你解決問題，或在你需要支援時出手相助。當然，他們可能是現實生活中真正的導師，你可以定期或半定期的與他們會面，獲得指導和建議。

直到今天，我已經有至少十一位真正的導師，我會定期與他們會面。還有無數「精神導師」，這些人並不知道他們是我的導師，但他們在我的心中占有一席之地，並幫忙指引我。不要低估一位偉大導師的力量，因為他對你所能產生的影響超乎想像。

讓很多人不敢勇往直前的，就是對非凡新生活的恐懼，他們覺得他們會拋棄已經陪伴他們一輩子的人。瓊安的解釋就非常貼切：「我從小家境清寒，我對自己發過誓，永遠不要再窮了。但是，我覺得我的原生家庭、我的父母和兄弟，他們並不理解。我追求的東西和家庭裡的每個人都不一樣，我希望自己能做到更多，但他們似乎並非如此。

「當我走出去，用另我去追求我想要的東西，那一刻，一個新的部落就出現了。當你開始追求更大的東西時，你會很驚訝自己會發現外面還有其他更多人。」

我喜歡瓊安不經修飾的誠實，因為它觸及了許多人害怕的事情：被逐出自己的部落，而沒有意識到另一個部落會出現。

在我個人以及其他無數人的生活中，我所看到的是，當你離開一個部落時，你會找到一個新部落，或新的部落找到你。自然界厭惡真空狀態，清空一個壁櫥，它很快就又塞滿了；清理完桌面，東西就會自己又跑回去；在地上挖個洞，水或別的東西就會跑進去。你可能得尋找你的部落，可能得花時間到新的地方，加入新的團體，結交新朋友，但我保證，你不會獨自在沙漠、叢林或北極苔原遊蕩。

喚出另我是一個持續的過程。去吧，玩得開心點，同時也收集資料，看看什麼對你的另我有用，什麼沒用。你可能會發現你需要一個更強大的起源故事，或是需要不同的超能力、不同的圖騰與神器，或不同的啟動事件。也許你需要擬定一篇更有氣勢的回應聲明，或需要更好的名字。只有你自己才會知道是哪個部分沒有發揮作用，你只需要給予某些部分一個機會，找到平衡，然後調整它，以獲得更強大的結果。

你也可以微調另我過程的任何部分。也許你發現自己需要另一種超能力，或者是需要一個不同的圖騰和神器。如果有需要，不要害怕做出改變。

六種獲勝心態

你建立了另我，帶你進入非凡世界。在你準備冒險進入未知領域前，我還有最後一個挑戰。我要求你們接受這六個原則，把它們當做提醒，當做臨別贈語，或當做靈感、動力、指導或建議。我不知道你將會發生什麼事，但我知道，如果你能讓這些原則引導你，那麼你將可以面對任何挑戰。

一、「**放馬過來！**」（擁抱挑戰）

想要在任何領域當中，區分專業人士和業餘人士，差異就在於歡迎阻礙和迎接挑戰的心態。專業人士將其挑戰為一種力量，它將使他們變得更強，提升他們的技巧，並使他們更有價值。

你的非凡世界將向你發起挑戰，如果你以開放的心態和接受挑戰的意願來面對它，那麼你就會發現，自己正在培養下一種心態……

二、「**我準備好接受任何挑戰了！**」（保持靈活度和適應性）

當你願意接受挑戰的時候，你的心靈就會更開闊，你就更能為任何事情做好準備。在體育運動中，我們稱之為「積極的準備就緒」，這使你的心智保持開放，擁有解決問題的創造力，並幫助你發展敏捷性。這對敵人來說也非常可怕，任何惡霸都很難對付這種人，敢站在他面前說「我準備好接受你的任何挑戰了」的人，通常不是它想要的戰鬥對手。

三、「**我是一股創造的力量！**」（發揮你的想像力和創意）

你越接受挑戰，越能保持靈活性，就會釋放更多的大腦空間來發揮創意。你天生就會不斷在腦海中假裝、相信，並創造現實中並不存在的世界。然後大人們告訴你「不要再那麼做」、「別那樣子」或「成熟點」。

但這些「大人」錯了。務必使用你的想像力，不要把它藏起來。它是一個極其強大的工具，不僅能讓另我活起來，還能釋放它的超能力。

四、「**我喜歡玩！**」（保持玩樂的態度）

在整本書中，我們談論了生命中對我們而言很重要的大事——夢想、目標、追求有價值的理想。我們認真對待這件事是很自然的，這是嚴肅的事，因為在我們採取行動之前，實現目標的欲望會一直折磨我們。但沒人說這就不能好玩。

我們喜歡遊戲，是因為它們能帶來挑戰和考驗。遊戲帶出了我們好玩的一面（以及競爭的一面，因為說實在的，誰不喜歡贏呢？）遊戲很有趣，即使它們挑戰著我們。

我們可以對另我的概念抱持著玩樂的態度，你玩得越開心，結果可能就越好。為什麼呢？因為你更可能去做各種嘗試，把你創造的另我帶進這個領域，看看它是否有效。然後你就可以修正，讓它變得更強，再次測試結果，然後再修正，直到你找到最適合你的另我。

五、**「我想知道會發生什麼事？」**（珍惜發現和好奇心）

如果你像實驗室裡的瘋狂科學家一樣對待自己的生活，總是願意測試各種新事物，看看它們是否有效，那會怎麼樣呢？生活中的每個嘗試，都是你在回答「我想知道……」這樣的問題。如果你最終發現自己在另我的幫助下，居然這麼有能力，那會怎麼樣呢？除非你先回答這個問題：「我想知道……」，否則你永遠不會知道答案。

六、**「我相信我能改變！」**（你是可以重塑想法的）

我們的性格是可塑的，我們可以重塑自己，可以改變我們的信念，創造新的習慣，我們可以改變自己的身份。這就是另我的作用，它幫忙挖掘出我們休眠中的能力和特質，是我們從未使用過，或是沒有用對地方的。如果你在工作中表現得猶豫不決，你可以學著果斷行事；如果你在與客戶一對一的會面中表現得很膽怯，你可以學著表現得自信一些；如果你在社交活動中感到彆扭，你可以學著泰然自若。

知名心理學家卡蘿・杜維克（Carol S. Dweck）透過研究發現，在任何領域（像是體育、商業、藝術和生活）的成功，都可以「大幅影響我們對自己天賦和能力的看法」。她發現這個世界上有兩種人，一種人是「定型心態」，他們不相信自己可以改變，而另一種人是「成長心態」，他們相信自己的能力可以發展。猜猜哪一組的人比較成功？如果你說成長心態，答對了。

相信你可以改變自己在賽場上的表現方式，就是成功運用另我的關鍵。你必須先認為改變是有可能的，你必須相信你可以重塑那些聚光燈時刻，並獲得一個全新的結果。

跨過門檻

著名教授、研究人員與神話學家喬瑟夫・坎伯讓「英雄之旅」的概念變得普及。在他的《千面英雄》（*Hero with a Thousand Faces*）一書中，他解釋道：

「一個英雄從平凡的世界冒險進入一個超自然奇幻的地域，在那裡得到了神奇的力量，並獲得了決定性的勝利。英雄從這趟神祕冒險中回來，擁有了能給同胞們恩惠的力量。」[6]

喬治・盧卡斯（George Lucas）看到坎伯和他對英雄旅程的解釋後，就重寫了《星際大戰》。他甚至出現在一九八八年，由比爾・莫耶斯（Bill Moyers）主持的美國公共電視紀錄片

《神話的力量》（*Power of Myth*）中。根據盧卡斯在後來的採訪所說[7]，坎伯的理論完美套用在一份多達五百頁的劇本上，然後以一個簡單的模型說明整個故事必須如何開展——它遵循的是歷史上最著名的故事、寓言和神話中，重複了數千次的單一軌跡。

「如果沒有遇到他，我可能到今天還在寫《星際大戰》。」盧卡斯說[8]。

在英雄旅程中，總是會遇到一個點，是英雄必須「跨過門檻」的時刻。這一刻，他們離開了平凡世界，開始新的冒險。在《星際大戰》中，就是路克·天行者和歐比王離開家鄉農場，來到摩斯艾斯利酒吧時；在《魔戒》中，就是佛羅多離開夏爾要去摧毀魔戒時；在《神力女超人》中，就是黛安娜離開隱藏的天堂島，要去幫助拯救人類時。

在每一種情況中，都有一個冒險、任務或使命要進行。有些是他們自己的選擇，有時是他們被賦予的責任，可能來自環境因素，或出於實現某種命運的強烈願望。

現在，不管你拿起這本書是想要：

- ◆追逐一個大目標，比如跑馬拉松
- ◆度過重大變化時期，比如開始一個新工作

◆追求畢生的夢想，比如寫書
◆做些小改變，比如學習烹飪
◆擁抱一個新的心態，比如在完成交易時保持自信
◆想在生活中添加更多有趣的創意……

下一步，就是「跨過門檻」，開始進行。

到了生命的盡頭時，你不會記得你曾經的想法或意念，但你會記得你採取過的行動。你會根據自己的表現、做過的事、說過的話、行為舉止，以及在人生的各個階段，你是否確實發揮實力表現出自己，來評價自己。

就像任何教練一樣，當你聽到時間到的鈴聲時，我希望你回顧人生之後說：「我沒有遺漏任何東西，我盡全力付出了，我做了所有我想做的事，更重要的是，我以英雄自我的姿態，展現了我所有的能力、技能和意念。它顛覆了原本的狀態，以超凡卓越、難以預料的方式改變了我的人生。正因為我做了這件事，我的人生非常充實。」

我知道另我能幫你實現這一切。

我等了十五年才寫這本書，因為我不想寫一本像「我是這樣做的，你也做得到」或「我有個好主意」這樣的軼事書。我想給你一個範本，背後有無數客戶、研究、科學和歷史的證據。知道自己不只是某部落的一員，而且你也發揮出身而為人的價值，你會感到欣慰和自信。浸淫於這樣的信念中，你的另我正在幫助你把最好的自己帶到你的賽場和聚光燈時刻中。

用另我打開那扇通往非凡世界的門，通往等待被釋放的那部分的你。勇往直前吧，屠殺惡龍，並擊敗來自敵人的阻力。

我對你發出的最後一個挑戰，就是創造出你的另我，跨過門檻，向世界展示你的超能力。

現在開始，去完成你的使命……

謝詞

寫書是我遇到過最難對付的對手（惡龍），不過也比我想像的更有價值。十五年來，由於客戶、朋友和同行們不斷的催促鼓勵，最終才有了你手上的這本書。如果沒有我最偉大的盟友，我的妻子法萊麗，這一切都不會發生。你的深夜編輯、你的額外研究，還有你完全相信我能成功的心意，給了我額外的超能力去屠殺這隻龍。不管這本書最後如何，我都贏了，因為我有你跟我同一國。

我的孩子們茉莉、蘇菲和查理，謝謝你們每天提醒我與另我玩的力量。你們是我一生中最大的激勵，你們幫我留住「最重要的東西」。

如果沒有贏得黃金入場券，得到兩位傑出的父母，誰知道我的人生會走向何方，但絕對是沒有這個機會來感謝你們了。謝謝你們教會我什麼才是努力工作、誠實，以及當個好爸爸。你們是我最初的英雄，雖然你們不知道如何向別人解釋我在做什麼，也許這本書會讓別人更容易理解。

致我的手足羅斯、萊恩和凱利，在某種程度上，你們全都幫忙塑造了這本書，主要是因為沒有你們，我就不會是我。

如果沒有三位偉大的導師之指導、友誼和支持，我就沒有如今的體育和商業生涯了。儘管你們都已離去，但我必須提及你們對我人生的巨大貢獻。格蘭特．韓德森（Grant Henderson），你是我遇到最好的老師和教練；吉姆．羅恩（Jim Rohn），在我剛起步時，是你給了我需要的鼓勵；哈維．多夫曼，你是史上最偉大的運動心理教練，你給我的啟發勝於任何人，謝謝你！

邁克．塞恩查克（Mike Sainchuk），你是我不可或缺的兄弟，謝謝你的友誼。

要寫出一本書，是一項由許多人共同完成的壯舉。塔克．麥克斯（Tucker Max），這一切都始於我們認識時，你說：「如果不寫這本書，你就是個白癡。」你是對的，感謝你們 Scribe 團隊的出色表現。阿曼達．伊貝（Amanda Ibey），你是這本書裡最有耐心的副駕駛，你是這方面的大師，更是一個很好的人，謝謝你！

給我的經紀人，史考特．霍夫曼（Scott Hoffman）和史蒂夫．托哈（Steve Troha），你們幫我搞定一切。你們的專業知識是無與倫比的，我很幸運在我們初次見面的四分鐘後，你們就開始著手處理這本書。

出版社的編輯艾瑞克・尼爾森（Eric Nelson），你不知怎麼的把我變成了一名作家。謝謝你不斷督促我把這本書變成現在這樣的模樣，現在我知道為什麼你是出版界最受尊敬的編輯之一了。永遠感激在心。

當然還有我的客戶，這些年來，我有機會與之共事，並從中得到啟發的所有運動選手、創業家以及商業人士。沒有你們，這本書就不會有它需要的故事。感謝你們堅持不懈，每天都站在賽場上。

感謝我的團隊，在這本書成型的過程中，是你們讓這艘船一直航行。凱倫・巴格李奧（Karen Baglio），謝謝你的努力，你最棒了！

沒有我那群親密的朋友，人生旅程將會很艱難，蓋瑞・尼隆（Gary Nealon）、葛藍・歐姆斯比（Glenn Ormsby）、路克・柯比奧爾克（Luke Kobiolke）、喬丹・麥金泰爾（Jordan McIntyre）、傑森・蓋納德（Jayson Gaignard）、丹・馬泰爾（Dan Martell）、羅伯・科斯伯格（Rob Kosberg）、凱文・赫托（Kevin Hutto）、克里斯・溫菲爾德（Chris Winfield）、強納森・菲爾茲（Jonathan Fields）、萊恩・李（Ryan Lee）、塔基・摩爾（Taki Moore）和尚恩・芬特（Sean Finter），有你們這些朋友是我的運氣。

最後，感謝我成長過程中居住過的四個重要地方的家人和認識的人，這四個地方塑造了我：阿爾伯塔省舒勒和梅迪辛哈特（Schuler and Medicine Hat, Alberta）的小型牧場社區、阿爾伯塔省愛德蒙頓（Edmonton）美好的居民，以及紐約市裡充滿雄心壯志的人們。

最後，謝謝你。我希望這本書能夠影響你，就像它已經影響了成千上萬的人一樣。

參考資料

第二章　另我的起源

1. *Collins English Dictionary-Complete and Unabridged*, 10th ed. (London: William Collins, 2009), retrieved January 13, 2013.
2. *The Oprah Winfrey Show*, episode 516, "How a Pair of Oprah's Shoes Changed One Woman's Life," aired September 19, 2015, http://www .oprah.com/own-where-are-they-now/how-a-pair-of-oprahs-shoes -changed-one-womans-life-video#ixzz5Kh8Czoef.
3. M. J. Brown, E. Henriquez, and J. Groscup, "The Effects of Eyeglasses and Race on Juror Decisions Involving a Violent Crime," *American Jour-nal of Forensic Psychology* 26, no. 2 (2008): 25-43.
4. Mike Vilensky, "Report: People Wearing Glasses Seem Like People You Can Trust," *New York* magazine, February 13, 2011, http://nymag.com /daily/intelligencer/2011/02/nerd_defense.html.
5. *The Legacy of a Dream* exhibition in Concourse E at the Atlanta-Hartsfield Airport in conjunction with the King Center. One of the display cases contains the nonprescription glasses King wore to make himself feel more

distinguished.

第三章　另我效應的力量

1. Beyoncé interview, September 2003.
2. Beyoncé, *Marie Claire* interview, October 2008.
3. Ibid.
4. Beyoncé, press statement, 2008.
5. Stephanie M. Carlson, “The Batman Effect: What My Research Shows About Pretend Play and Executive Functioning,” Understood, May 30, 2016, https://www.understood.org/en/community-events/blogs /expert-corner/2016/05/30/the-batman-effect-what-my-research-shows -about-pretend-play-and-executive-functioning.
6. Ibid.
7. Rachel E. White, Emily O. Prager, Catherine Schaefer, Ethan Kross, Angela L. Duckworth, and Stephanie M. Carlson, “The ‘Batman Ef-fect’: Improving Perseverance in Young Children,” *Child Development*, December 16, 2016, https://onlinelibrary.wiley.com/doi/full/10.1111 /cdev.12695.
8. Ibid.
9. Frode Stenseng, Jostein Rise, and Pål Kraft, “Activity Engagement as Escape from Self: The Role of Self-

Suppression and Self-Expansion," *Leisure Sciences* 34, no. 1 (2012): 19-38.

10. Frode Stenseng, Jostein Rise, and Pål Kraft, "The Dark Side of Leisure: Obsessive Passion and Its Covariates and Outcomes," Leisure Studies 30, no. 1 (2011): 49-62; and Frode Stenseng, "The Two Faces of Leisure Activity Engagement: Harmonious and Obsessive Passion in Relation to Intrapersonal Conflict and Life Domain Outcomes," Leisure Sciences 30, no. 5 (2008): 465-81.
11. Ryan M. Niemiec, "VIA Character Strengths: Research and Practice (The First 10 Years)," in Hans Henrik Knoop and Antonella Delle Fave, eds., *Well-Being and Cultures* (Springer Netherlands, 2013).
12. Michael Shurtleff, *Audition* (New York: Bantam Books, 1978), 5.
13. Oliver James, *Upping Your Ziggy* (London: Karnac Books, 2016), xii.
14. Ibid.
15. Ibid.

第六章　來自敵人的阻力

1. Carl Richards, "Learning to Deal with the Imposter Syndrome," *New York Times*, October 26, 2015, https://www.nytimes.com/2015/10/26 /your-money/learning-to-deal-with-the-impostor-syndrome.html.

第八章　說故事的力量

1. Lisa Kron, *Wired for Story* (New York: Ten Speed Press, 2015), 8.
2. Seth Godin, *All Marketers Are Liars* (New York: Penguin, 2005), 3.
3. Ibid., 2.
4. Ibid., 3.

第九章　選擇你的非凡世界

1. Jim Carrey's commencement address at the 2014 MUM graduation, May 24, 2014, https://www.youtube.com/watch?v=V80-gPkpH6M.
2. Ibid.
3. Matt Mullin, "Ajayi Compares 'Jay Train' Persona to Brian Dawkins''Weapon X' Alter Ego," *Philly Voice*, January 10, 2018, http://www .phillyvoice.com/ajayi-compares-jay-train-persona-brian-dawkins-weapon-x-alter-ego/.
4. Steven Kotler, "Flow States and Creativity," *Psychology Today*, February 25, 2014, https://www.psychologytoday.com/us/blog/the-playing -field/201402/flow-states-and-creativity.
5. Ibid.

6. Frode Stenseng, Jostein Rise, and Pål Kraft, "Activity Engagement as Escape from Self: The Role of Self-Suppression and Self-Expansion," *Leisure Sciences* 34, no. 1 (2012): 19-38.

第十章　你為何而戰？

1. Roy F. Baumeister, "Some Key Differences between a Happy Life and a Meaningful Life," *Journal of Positive Psychology* 8, no. 6 (2013).
2. Barbara Fredrickson and Steven W. Cole, National Academy of Sciences, July 29, 2013.
3. Steven Pinker, *How the Mind Works* (New York: Norton, 1997), 373.
4. Taiichi Ohno, "Ask 'Why' Five Times About Every Matter," Toyota, March 2006, http://www.toyota-global.com/company/toyota_traditions /quality/mar_apr_2006.html.
5. Ethan Kross and Özlem Ayduk, "Making Meaning Out of Negative Ex-periences by Self-Distancing," *Current Directions in Psychological Science* 20, no. 3 (2011): 187–91.

第十三章　為什麼需要起源故事？

1. Ibid.
2. Alison Flood, "JK Rowling Says She Received 'Loads' of Rejections Be-fore Harry Potter Success," *Guardian*,

March 24, 2015, https://www.theguardian.com/books/2015/mar/24/jk-rowling-tells-fans-twitter -loads-rejections-before-harry-potter-success.

3. Ibid.
4. Ibid.

第十四章　啟動另我的圖騰或神器

1. Joe Wright, dir., *Darkest Hour*, 2017, Perfect World Pictures.
2. Hajo Adam and Adam D. Galinsky, "Enclothed Cognition," *Journal of Experimental Social Psychology* 48, no. 4 (July 2012): 918-25.
3. Ibid.

第十六章　啟程

1. Robert Stein, "Do You Want to See Her?" *American Heritage* 56, no. 5 (2005).
2. Frode Stenseng, Jostein Rise, and Pål Kraft, "Activity Engagement as Escape from Self: The Role of Self-Suppression and Self-Expansion," *Leisure Sciences* 34, no. 1 (2012): 19-38.
3. Hajo Adam and Adam D. Galinsky, "Enclothed Cognition," *Journal of Experimental Social Psychology* 48, no.

4 (July 2012): 918-25.

4. Ryan M. Niemiec, "VIA Character Strengths: Research and Practice (The First 10 Years)," in Hans Henrik Knoop and Antonella Delle Fave, eds., *Well-Being and Cultures* (Springer Netherlands, 2013).
5. Bethany E. Kok and Barbara L. Fredrickson, "Upward Spirals of the Heart: Autonomic Flexibility, as Indexed by Vagal Tone, Reciprocally and Prospectively Predicts Positive Emotions and Social Connected-ness," *Biological Psychology* 85, no. 3 (2010): 432-36.
6. Joseph Campbell, *The Hero with a Thousand Faces* (Princeton, NJ: Princeton University Press, 1949), 23.
7. George Lucas interview, National Arts Club, 1985.
8. Ibid.

HEART
心|視野 心視野系列 088

另我效應

用你的祕密人格，達到最高成就

The Alter Ego Effect: The Power of secret identities to transform your life

作　　者　陶德・赫曼Todd Herman
譯　　者　吳宜蓁
總 編 輯　何玉美
責任編輯　洪尚鈴
封面設計　張天薪
內文排版　顏麟驊

出版發行　采實文化事業股份有限公司
行銷企劃　陳佩宜・黃于庭・蔡雨庭・陳豫萱・黃安汝
業務發行　張世明・林踏欣・林坤蓉・王貞玉・張惠屏・吳冠瑩
國際版權　王俐雯・林冠妤
印務採購　曾玉霞
會計行政　王雅蕙・李韶婉・簡佩鈺
法律顧問　第一國際法律事務所　余淑杏律師
電子信箱　acme@acmebook.com.tw
采實官網　www.acmebook.com.tw
采實臉書　www.facebook.com/acmebook01

ISBN　978-986-507-598-9
定價　360元
初版一刷　2021年12月
劃撥帳號　50148859
劃撥戶名　采實文化事業股份有限公司
104臺北市中山區南京東路二段95號9樓
電話：（02）2511-9798
傳真：（02）2571-3298

國家圖書館出版品預行編目資料

另我效應：用你的祕密人格，達到最高成就／陶德・赫曼(Todd Herman)著；吳宜蓁譯 . -- 初版 . -- 臺北市：采實文化事業股份有限公司，2021.12
336面；14.8×21公分. --（心視野系列；88）
譯自：The Alter Ego Effect : the power of secret identities to transform your life
ISBN 978-986-507-598-9（平裝）
1. 成功法　2.人際關係
494.35　　110017351

采實出版集團
ACME PUBLISHING GROUP

HEART

心視野

HEART
心|視野